Thomas Eisenbeiss

Optische Beobachtungen naher isolierter Neutronensterne

Thomas Eisenbeiss

Optische Beobachtungen naher isolierter Neutronensterne

Südwestdeutscher Verlag für Hochschulschriften

Impressum/Imprint (nur für Deutschland/only for Germany)
Bibliografische Information der Deutschen Nationalbibliothek: Die Deutsche Nationalbibliothek verzeichnet diese Publikation in der Deutschen Nationalbibliografie; detaillierte bibliografische Daten sind im Internet über http://dnb.d-nb.de abrufbar.
Alle in diesem Buch genannten Marken und Produktnamen unterliegen warenzeichen-, marken- oder patentrechtlichem Schutz bzw. sind Warenzeichen oder eingetragene Warenzeichen der jeweiligen Inhaber. Die Wiedergabe von Marken, Produktnamen, Gebrauchsnamen, Handelsnamen, Warenbezeichnungen u.s.w. in diesem Werk berechtigt auch ohne besondere Kennzeichnung nicht zu der Annahme, dass solche Namen im Sinne der Warenzeichen- und Markenschutzgesetzgebung als frei zu betrachten wären und daher von jedermann benutzt werden dürften.

Verlag: Südwestdeutscher Verlag für Hochschulschriften GmbH & Co. KG
Heinrich-Böcking-Str. 6-8, 66121 Saarbrücken, Deutschland
Telefon +49 681 37 20 271-1, Telefax +49 681 37 20 271-0
Email: info@svh-verlag.de

Zugl.: Jena, FSU, Diss., 2011

Herstellung in Deutschland:
Schaltungsdienst Lange o.H.G., Berlin
Books on Demand GmbH, Norderstedt
Reha GmbH, Saarbrücken
Amazon Distribution GmbH, Leipzig
ISBN: 978-3-8381-3012-5

Imprint (only for USA, GB)
Bibliographic information published by the Deutsche Nationalbibliothek: The Deutsche Nationalbibliothek lists this publication in the Deutsche Nationalbibliografie; detailed bibliographic data are available in the Internet at http://dnb.d-nb.de.
Any brand names and product names mentioned in this book are subject to trademark, brand or patent protection and are trademarks or registered trademarks of their respective holders. The use of brand names, product names, common names, trade names, product descriptions etc. even without a particular marking in this works is in no way to be construed to mean that such names may be regarded as unrestricted in respect of trademark and brand protection legislation and could thus be used by anyone.

Publisher: Südwestdeutscher Verlag für Hochschulschriften GmbH & Co. KG
Heinrich-Böcking-Str. 6-8, 66121 Saarbrücken, Germany
Phone +49 681 37 20 271-1, Fax +49 681 37 20 271-0
Email: info@svh-verlag.de

Printed in the U.S.A.
Printed in the U.K. by (see last page)
ISBN: 978-3-8381-3012-5

Copyright © 2011 by the author and Südwestdeutscher Verlag für Hochschulschriften GmbH & Co. KG and licensors
All rights reserved. Saarbrücken 2011

Inhaltsverzeichnis

1. **Einleitung**   1
   1.1. Die Entdeckung von Pulsaren 1
   1.2. Neutronensterne 5

2. **Die Glorreichen Sieben**   14
   2.1. Die Entdeckung von RX J1856.5-3754 14
   2.2. Eine neue Gruppe von Neutronensternen 16

3. **Bodengebundene Beobachtungen von RX J0720.4-3125**   22
   3.1. Frühere Arbeiten 22
   3.2. Neue Photometrie und Astrometrie für RX J0720 25

4. **Die Entfernung von RX J1856.5-3754**   39
   4.1. Frühere Arbeiten 39
   4.2. Das ideale "Parallaxenmessgerät" 43
   4.3. PSFs und Verzerrungskorrektur für die HRC 45
   4.4. Die "wahre" Entfernung von RX J1856.5-3754 57

5. **Die Entfernung von RX J0720.4-3125**   73
   5.1. Entfernungsbestimmung 73
   5.2. Vergleich mit Kaplan u.a. (2007) 76

6. **Diskussion, Zusammenfassung und Ausblick**   80
   6.1. Photometrie der HST Daten 80
   6.2. Vergleich mit Extinktionsmessungen 81

6.3.	Bestimmung des Radius	82
6.4.	Massenbestimmung	90
6.5.	Geburtsort und Alter	94
6.6.	Zusammenfassung	96

A. Zusatzinformationen und Erläuterungen — **99**

A.1.	Apertur-Photometrie mit kleinen Aperturen	99
A.2.	Verteilung von Sternbewegungen	100
A.3.	Die trigonometrische Parallaxe	101
A.4.	Das Plancksche Strahlungsgesetz	102
A.5.	Varianten des Anpassungsalgorithmus	103
A.6.	Tests	104

B. Zusätzliche Tabellen — **106**

B.1.	Anpassungsschema	106
B.2.	WCS Koordinaten und Helligkeiten	107
B.3.	Ergebnistabelle von RX J1856.5-3754	108
B.4.	Ergebnistabelle von RX J0720.4-3124	109

Literaturverzeichnis — **110**

Danksagung — **119**

Abbildungsverzeichnis

1.1. Originaldaten der Entdeckung des ersten Pulsars, aus Hewish u. a. [32] . . 2
1.2. Der Krebs-Pulsar im inneren des Krebsnebels 4
1.3. Abhängigkeit der Dichte ρ vom radialen Abstand r, für einen NS, berechnet anhand verschiedener Zustandsgleichungen [98]. 6
1.4. Gesamtmasse eines NS in $M_\odot$ als Funktion des Radius, für verschiedene EOS [98]. 7
1.5. Typischer Querschnitt eines Neutronensterns 10
1.6. Magnetosphäre eines Neutronensterns 12

2.1. Optische Aufnahme von RX J1856.5-3754 mit der WFPC2 Kamera des HST 14
2.2. ROSAT PSPC *pointing* der Corona Australis (CrA) Sternenentstehungregion (1992) 15
2.3. Spektren zweier sehr unterschiedlicher isolierter Neutronensterne 19
2.4. Temperaturverlauf und Verlauf der Emissionsregion von RX J0720 20
2.5. XMM-Newton EPIC-pn Lichtkurven, gefaltet auf die Pulsperiode der vier M7, bei denen als erstes Pulsationen entdeckt wurden 21

3.1. B−Band Bild der Position von RX J0720 23
3.2. Summe der Einzelaufnahmen mit dem besten "Seeing", aufgenommen mit FORS1 am UT 1 zum Jahreswechsel 2002/03 24
3.3. Aufaddiertes V-Band Bild von RX J0720 26
3.4. Feldverzerrungskarte des FORS 1 Detektors im Dezember 2000 29
3.5. Illustration, wie SCAMP die 13 FORS 1 Bilder aufaddiert 30
3.6. VLT/FORS 1 Bild der Landolt Standardsterne SA98 556 und SA98 557 . 30

3.7. Projektion der Detektion von RX J0720 31

3.8. Aufaddiertes und Hintergrund-korrigiertes Bild, welches wir für die Relativ-Photometrie benutzt haben 32

3.9. Optischer/UV Fluss von R bis UV Helligkeiten und zum Vergleich die mit XMM-Newton EPIC-pn aufgenommenen Röntgenspektren 33

3.10. Detektierte Objekte in einem Radius von $1'$ rund um RX J0720. 36

4.1. Kombiniertes HST WFPC2 Bild von RX J1856 40

4.2. Kometenartige Bugwelle des isolierten NS RX J1856 41

4.3. Querschnitt der Hubble Weltraum Teleskops (schematisch) 44

4.4. Das Histogramm zeigt die Pixelwerte der inneren drei Pixel eines schlecht abgetasteten eindimensionalen Sternenprofils. 46

4.5. Astrometrische Residuen gegenüber der Pixel Phase 47

4.6. Das x- und y-Profile der PSFs für verschiedene Filter 50

4.7. Astrometrischer und photometrischer Fehler als Funktion der instrumentellen Magnitude 51

4.8. Vektor Diagramme der nichtlineare Polynomlösung und ihrer Residuen. . 53

4.9. Die Residuen $(\delta x, \delta y)$ für das reine Polynom Modell für drei horizontale Schnitte durch das Bild 54

4.10. Das selbe, wie Abb. 4.9, aber für das Polynom-plus-Tabelle Modell. . . . 55

4.11. Gezeigt sind die mittleren Residuen für die verschiedenen Filter 56

4.12. *Links:* Kalibriertes HST ACS/HRC Bild von RX J1856. *Rechts:* Effektive PSF der HST ACS/HRC Kamera mit dem F475W Filter 59

4.13. Mit dem IDL XStarFinder erstellte PSF für die ACS/HRC Aufnahmen von RX J1856 60

4.14. Grafische Darstellung der Ausgangssituation für die Bestimmung der Parallaxe von RX J1856 62

4.15.	Aufgetragen ist der Gesamtfehler der Positionsmessung gegen die Helligkeit aller Sterne	63
4.16.	Abstände jedes Sterns zu jedem Stern im Referenzbild.	64
4.17.	Die Parallaxe von RX J1856.	70
4.18.	Wahrscheinlichkeitsverteilung Parallaxe von RX J1856 für die verschiedenen unabhängigen Modelle	71
5.1.	ACS/HRC Bild von RX J0720.	74
5.2.	Die Parallaxe von RX J0720 in verschiedenen Darstellungen	76
6.1.	Photometrie der Gesichtsfelder der beiden Neutronensterne	80
6.2.	Extinktionskarte der Corona Australis Sternentstehungsregion	82
6.3.	Schwarzkörper Anpassung an das optische und das Röntgenspektrum von RX J1856	85
6.4.	Masse Radius Diagramm von Neutronensternen	88
6.5.	Addierte FORS1 Aufnahme von RX J0720 und darüber gelegte projizierte Eigenbewegung.	90
6.6.	Addierte FORS1 Aufnahme von RX 1856 und darüber gelegte projizierte Eigenbewegung.	92
6.7.	Die in die Vergangenheit zurückverfolgte Bewegung von RX J0720 und RX J1856.	95
A.1.	Abhängigkeit der Sternhelligkeit vom Durchmesser der Apertur.	99
A.2.	Kumulative Verteilungsfunktion (CDF) der betraglichen Positionsunterschiede der Hintergrundsterne	100
A.3.	Trigonometrische Parallaxe	101
A.4.	Plancksches Strahlungsgesetz	103

Tabellenverzeichnis

2.1.	Isolierte Neutronen Sterne (Magnificent Seven)	17
3.1.	U und B Magnituden von RX J0720	25
3.2.	Beobachtungslogbuch	27
3.3.	Optische Beobachtungen von RX J0720.	35
4.1.	Optische Eigenschaften von RX J1856. Historische Entwicklung	42
4.2.	HST WFPC2 und ACS/HRC Überblick	43
4.3.	Epochen der HRC Beobachtungen	58
5.1.	Epochen der HRC Beobachtungen	73
6.1.	Die Entfernung von RX J0720 und RX J1856, ...	82
6.2.	Der Radius der beiden Neutronensterne RX J0720 und RX J1856	87
6.3.	Der Minimale Abstand zwischen RX J1856 und einigen Sternen.	93
6.4.	Alter und Geburtsort von RX J0720 und RX J1856.	96
A.1.	Testläufe für RX J1856. Alle Einheiten sind [mas].	105
A.2.	Testläufe für RX J0720. Alle Einheiten sind [mas].	105
B.1.	Liste der verwendeten Detektionen für RX J1856.	106
B.2.	Liste der verwendeten Detektionen für RX J0720	106
B.3.	WCS Koordinaten und F475W Magnitude aller Referenzsterne	107
B.4.	Ergebnisse für alle Sterne im Feld von RX J1856.	108
B.5.	Ergebnisse für alle Sterne im Feld von RX J0720.	109

1. Einleitung

1.1. Die Entdeckung von Pulsaren

Graue Theorie

Im Jahre 1934 sagten die beiden Astronomen Baade und Zwicky [5] die Existenz einer neuen Art von Stern, dem Neutronenstern (NS), voraus, der das Ende der stellaren Evolution markiert. Sie schrieben:

> "...with all reserve we advance the view that a supernova represents the transition of an ordinary star into a neutron star, consisting mainly of neutrons. Such a star may possess a very small radius and an extremely high density."

In einem NS herrschen außergewönliche Bedingungen. Bei etwa $1 M_\odot$[1] und etwa 10 km Radius haben diese Objekte Dichten von bis zu 10^{14} g cm^{-3} und Magnetfelder von bis zu 10^{12} Gauss (10^8 Tesla, siehe z.b. [50]). Doch auch diese erstaunlichen Bedingungen wurden vorhergesagt [63, 37]. Der Nachweis gelang etwa 30 Jahre, als der erste NS als Pulsar entdeckt wurde [32].

Die Radio Entdeckung

Nach dem zweiten Weltkrieg erlebte die Radioastronomie ein spektakuläres Wachstum, was hauptsächlich auf die Erschließung neuer Beobachtungstechniken zurückzuführen war. Beispielsweise wurde die erste diskrete Radioquelle, Cygnus A, bei Radarmessungen auf der Suche nach Meteoriten gefunden. Ein anderes Beispiel ist die Entdeckung des ersten Quasars bei der Untersuchung von Radiogalaxien. Als der erste Pulsar 1967 entdeckt wurde gab es die dafür nötige Technologie bereits seit 10 Jahren. Es rechnete jedoch niemand mit schnell pulsierenden Radiosignalen mit extraterrestrischem Ursprung, weshalb diese meist als Interferenzen, oder Stromschwankungen abgetan wurden.

---

[1] $1 M_\odot$ = eine Sonnenmasse = 2×10^{30} kg

1. Einleitung

Den damaligen Beobachtungen in der Radioastronomie fehlten zwei wichtige Eigenschaften: Eine kurze Ansprechzeit und ein sich wiederholender Beobachtungsablauf. Dies hätte gezeigt, dass die scheinbar sporadisch auftretenden Störungen von einer permanenten extraterrestrischen Quelle stammen. Beide Eigenschaften hatte das Projekt zur Suche nach interplanetarischen Radio Szintillationen von Anthony Hewish.

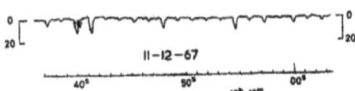

Bild 1.1. Originaldaten der Entdeckung des ersten Pulsars, aus Hewish u. a. [32]. Zu sehen ist eine Aufnahme mehrere Pulse mit einer Zeitkonstante von 0.1 s (verstärktes Signal).

Um den unterschiedlichen Ursachen für die Helligkeitsschwankungen entfernter Sterne auf die Spur zu kommen, konstruierte Prof. Hewish, zusammen mit seiner Doktorandin Jocelyn Bell, eine Antenne zum Messen von langwelliger Radiostrahlung. Diese Konstruktion war damit auch geeignet schwache, diskrete Radioquellen zu beobachten. Die Szintillationseffekte sind bei dieser Wellenlänge für Punktquellen besonders ausgeprägt. Die Beobachtungstechnik erforderte außerdem ein wiederholtes Durchmustern des Himmels. Damit war es möglich weit entfernte Quasare zu detektieren und die Population dieser entfernten aktiven Galaxien zu studieren.

Im Juli 1967 entdeckte Jocelyn Bell große Fluktuationen im Signal, die sich an den darauffolgenden Tagen zur selben Zeit wiederholten (Abb. 1.1). Das Signal wurde jeden Tag 4 Minuten früher aufgezeichnet, wie man es für ein Signal mit extraterrestrischem Ursprung erwarten würde. Im November wurde ein neues Aufzeichnungsgerät mit besserer Zeitauflösung installiert und Hewish und seine Kollegen erkannten extrem regelmäßige Pulse mit einer Periode von 1.337 s. Da "Kleine grüne Männchen" eine durchaus plausible Erklärung für diese Impulse gewesen wären, diese Neuigkeit aber jede Chance auf eine seriöse Erforschung des Ursprungs dieser Signale zunichte gemacht hätte, wurde die Entdeckung vorerst geheim gehalten, bis im Februar 1968 ein Artikel in *Nature* erschien, [32].

1.1. Die Entdeckung von Pulsaren

Bereits einige Monate früher veröffentlichte Pacini [64] einen Artikel in *Nature*. In diesem Artikel zeigte er, dass ein rotierender NS mit einem starken magnetischen Dipolfeld die Energiequelle für die Strahlung des Krebsnebels sei. Im Jahre 1968 identifizierte Gold [21] die neuen Radiopulsare mit rotierenden NS. Zusammengenommen bilden diese beiden Arbeiten die Grundlagen zum theoretischen Verständnis rotierender NS und die Erklärung für die neu entdeckten Radioquellen. Bemerkenswert ist, dass beide Männer praktisch Tür an Tür an der Cornell Universität arbeiteten, aber bis zur Veröffentlichung von Gold's Artikel nichts voneinander wussten.

Das Rotationsproblem

Die maximale Winkelgeschwindigkeit Ω eines rotierenden Sterns der Masse M wird durch die auf eine Masse am Äquator ausgeübte Zentrifugalkraft bestimmt. Für einen Stern mit Radius R sind Gravitation und Zentrifugalkraft im Gleichgewicht wenn

$$\Omega R = \frac{GM}{R^2}, \quad (1.1)$$

wobei $G = 6.67259 \times 10^{-11}\,\mathrm{m^3\,kg^{-1}\,s^{-2}}$ die Gravitationskonstante ist. Hat der Stern eine uniforme Dichte ρ so ist die kürzeste mögliche Periode P_{min} etwa

$$P_{min} = \sqrt{\frac{3\pi}{G\rho}}. \quad (1.2)$$

Eine Periode von etwa 1 s erfordert demnach eine Dichte von mehr als $10^8\,\mathrm{g\,cm^{-3}}$, was der typischen Dichte eines weißen Zwergs entspricht. NS jedoch können Perioden von unter 1.5 ms aufweisen, was durch die Entdeckung des ersten "Millisekunden-Pulsars" (PSR B1937+21) demonstriert wurde.

Da nun Pulsare als rotierende NS identifiziert wurden, erforderte die Art der Radiostrahlung als Erklärung eine Art Leuchtturm-Effekt. Gold [21] führte als Energiequelle ein starkes Magnetfeld ein. Er erkannte auch, dass Rotationsenergie durch magnetische Dipol-

1. Einleitung

strahlung verloren gehen muss und sich somit die Rotation von NS messbar verlangsamt. Richards und Comella [74] konnten für den Krebs-Pulsar eine lineare Abnahme der Periode um 36.48 ± 0.04 ns pro Tag messen. Dies war konsistent mit dem Alter des Krebsnebels und bewies den Zusammenhang des Pulsars mit der Supernova von 1054 n.C. Anhand der Verlangsamung konnte wiederum die Energie bestimmt werden, die der NS abgibt und die den Krebsnebel zum Leuchten anregt. All diese Zusammenhänge waren miteinander konsistent und der letztendliche Beweis der Identifikation von Pulsaren mit NS, [22].

Die Population von Pulsaren

Für einige Pulsare, innerhalb von 1 kpc[2], kann die Entfernung astrometrisch mit Hilfe von Radio-Interferometern gemessen werden. Um die Distanz zu weiter entfernten Pulsaren zu messen, wird die Dispersionsmessung verwendet. Dabei wird die Tatsache ausgenutzt, dass Radiowellen unterschiedlicher Frequenz unterschiedlich schnell durch das ionisierte interstellare Medium (ISM) reisen. Unter Zuhilfenahme eines Models für die Verteilung des ISM in der Galaxis kann, basierend auf diesem Zeitversatz, die Entfernung abgeschätzt werden.

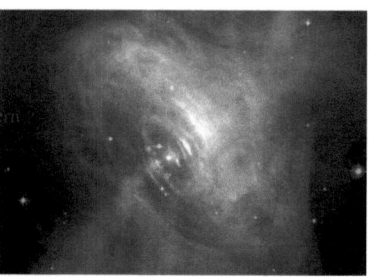

Bild 1.2. Der Krebs-Pulsar im inneren des Krebsnebels. Kompositum aus einer optischen Aufnahme des "Hubble-Space-Teleskops" und einer Röntgenaufnahme von "Chandra X-ray observatories". ©NASA

Es ergibt sich eine Population von 10^5 bis 10^6 aktiven Pulsaren in unserer Galaxis. Die meisten von ihnen wurden in der galaktischen Scheibe in einer etwa 100 pc dicken Schicht geboren. In der galaktischen Scheibe befinden sich auch die Regionen, in denen Sterne entstehen. Neutronensterne wiederum gelten als das Endprodukt des kurzen Lebens massereicher Sterne und ihre Verteilung in der Galaxis ist mit dieser Theorie konsistent.

---

[2] 1 kiloparsec, entspricht einer trigonometrischen Parallaxe von 1 Millibogensekunde (mas)

Physik eines NS

Das generelle Bild eines schnell rotierenden, extrem dichten Sterns mit starkem Magnetfeld wurde in den folgenden Jahren bestätigt. Die Masse wurde durch Beobachtung von Doppelsystemen auf $1.2 M_\odot$ bis $1.5 M_\odot$ eingeschränkt. Das polare Magnetfeld liegt in einer Größenordnung von 10^{12} bis 10^{14} Gauss.

Das innere eines NS ist jedoch wesentlich komplexer, als die einfache Neutronenflüssigkeit, von der man früher ausging. Beim Vela Pulsar wurde eine scharfe Änderung der Rotationsrate, bekannt als "Glitch[3]", beobachtet [73]. Die Ursache dafür ist der Transfer von Drehmoment zwischen zwei verschiedenen Phasen. Der NS besteht hauptsächlich aus einer festen, kristallinen Kruste und einem flüssigen, supraleitenden und superfluiden Inneren. In einem Superfluid manifestiert sich die Rotation in einem Netz aus Wirbeln. Während sich die Rotation verlangsamt wandern diese Wirbel nach außen und treffen auf die feste Oberfläche. Dabei wird der Glitch verursacht. Darüber hinaus gibt es weitere Wechselwirkungen mit den Wirbeln und dem (ebenfalls quantisierten) Magnetfeld. Der NS ist von einer energiereichen und elektrisch geladenen Magnetosphäre umgeben. Die Mechanismen, welche die Pulsationen der Strahlung verursachen[4], werden in dieser Magnetosphäre erzeugt, sind jedoch bis heute nicht vollständig verstanden.

1.2. Neutronensterne

Hat ein Stern seinen Brennstoffvorrat aufgebraucht, so stürzt er unter seiner eigenen Gravitation in sich zusammen. Am Ende dieses Kollapses stehen, abhängig von der Masse des Sterns, drei mögliche Zustände: Weißer Zwerg, Neutronenstern und für die Massereichsten Sterne das Schwarzes Loch. Die Vorläufer der NS haben einen eingeschränkten Massenbereich zwischen sechs und $15 M_\odot$. 95% aller Sterne beenden ihre Existenz als Weiße Zwerge, ohne weiter zu kollabieren.

---

[3]*deutsch:* Störung, das Wort Glitch wird in dieser Arbeit, wie auch in der Literatur, als Eigenname verwendet und daher nicht übersetzt.
[4]nicht nur im Radiobereich, auch im optischen, Röntgen- und Gammabereich sind Pulsationen von vielen NS bekannt

1. Einleitung

Ein Weißer Zwerg entsteht in einem kontinuierlichen Prozess. Wenn der nukleare Brennstoff zur Neige, geht wächst ein Kern innerhalb einer expandierenden Hülle. Der totale Kollaps wird vom Entartungsduck der Elektronen aufgehalten. Übersteigt die Masse des Kerns $1.4 M_\odot$ reicht dieser Druck nicht mehr aus um den weiteren Kollaps zu verhindern und es entsteht ein NS. Nun ist es der Entartungsdruck der Neutronen, der der Gravitation entgegenwirkt. Die Entstehung eines NS ist katastrophal. Innerhalb weniger Sekunden wird eine gewaltige Menge Gravitationsenergie frei und das Ereignis kann als Supernova beobachtet werden. Der Dichteunterschied zwischen normalem Stern und Weißem Zwerg und Weißem Zwerg und NS ist in beiden Fällen $\gtrsim 10^6$.

Die Suche nach einer Zustandsgleichung

1939 erkannten Oppenheimer und Volkoff [63], dass in einem entarteten Neutronengas die Temperatur keine Rolle spielt und die einzige relevante Beziehung die zwischen Dichte und Druck ist. Diese Zustandsgleichung (EOS[5]) eines NS wurde bis heute nicht gefunden. In einem NS herrschen Bedingungen, die im Labor nicht hergestellt werden können und die Theorie von N-Körper Systemen ist noch unvollständig. Von einer EOS könnte eine einzigartige Masse-Radius

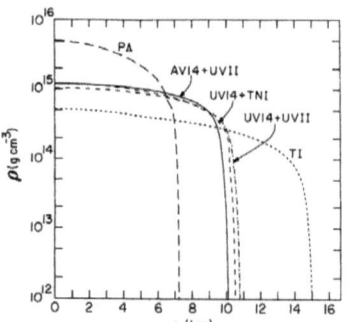

Bild 1.3. Abhängigkeit der Dichte ρ vom radialen Abstand r, für einen NS, berechnet anhand verschiedener Zustandsgleichungen [98].

Beziehung hergeleitet werden, womit es theoretisch möglich wäre von beobachtbaren Größen auf die Zustandsgleichung zu schließen. da es sich um Bedingungen handelt, die im Labor nicht hergestellt werden können und die Theorie von N-Körper Systemen noch unvollständig ist. Ein NS kann als ein gigantischer Atomkern angesehen werden. Für einen

---

[5]Die englische Abkürzung EOS (für *equation of state*) wird im Folgenden verwendet.

1.2. Neutronensterne

Radius von 10 km und einer Masse von $1.4 M_\odot$ (typische Werte) ist die mittlere Dichte $6.7 \times 10^{14}\,\mathrm{g\,cm^{-3}}$; die typische Dichte von Atomkernen ist $\rho_s = 2.7 \times 10^{14}\,\mathrm{g\,cm^{-3}}$. Der Stern besteht im wesentlichen aus einer Neutronenflüssigkeit, die sich mit etwa 5% Protonen und Elektronen im Gleichgewicht befindet. Dieses wird durch den spontanen Neutronenzerfall und die Rekombinationsrate der Protonen und Elektronen definiert. Die äußere, etwa 1 km dicke Kruste ist eine kristalline, feste Oberfläche und besteht aus schweren Atomkernen: Eisen nahe der Oberfläche, darunter schwerere Kerne mit steigender Neutronenzahl. Verglichen mit normalen Atomkernen, in denen die Neutronenzahl N und die Ordnungszahl Z etwa gleich sind, ist in diesen schweren Kernen $N \approx 2Z$ und in der Neutronenflüssigkeit $N \gg Z$.

Für typische Dichten $\lesssim \rho_s$ ist die EOS recht gut verstanden. Darüber hinaus wurden mehrere aufeinander aufbauende Theorien entwickelt um mehr-komponentige Wechselwirkungen in eine relativistische Feldtheorie einzuarbeiten. Ein Überblick über den gesamten Parameterbereich findet sich zum Beispiel in Lattimer und Prakash [46]. Ergebnisse dieser Integrationen über den gesamten Stern finden sich z.B. in

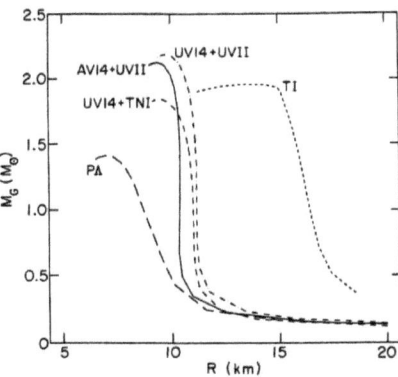

Bild 1.4. Gesamtmasse eines NS in $M_\odot$ als Funktion des Radius, für verschiedene EOS [98].

Abb. 1.3 und 1.4. Diese Kurven stammen aus einer Arbeit von Wiringa u. a. [98] und zeigen einige der besten Modelle, zusammen mit zwei weniger realistischen Kurven, die aber den Einfluss der Variation der EOS zu weicheren (PΛ) und steiferen (TI) EOSs illustrieren. Lässt man diese beiden außer Acht liegt der Radius in einem kleinen Bereich zwischen 10.5 und 11.2 km für Massen von $0.5 M_\odot$ bis $2 M_\odot$. Nach der Theorie ist eine Gesamtmasse von $> 3 M_\odot$ ausgeschlossen. Alle bisher gemessenen Werte liegen bei $\approx 1.35 M_\odot$.

1. Einleitung

Die oben diskutierten EOSs gehen davon aus, dass das flüssige innere des NS wie normale Materie behandelt werden kann. Alternativ könnte das Zentrum jedoch aus Materie in anderen Phasen, zum Beispiel aus Pion und Kaon Kondensaten bestehen. Eine solche Zusammensetzung würde weichere EOS favorisieren, näher an $P\Lambda$ in Abb. 1.3 und 1.4. Ein sogar noch radikalerer Vorschlag wurde von Witten [99] eingebracht. Er schlug einen Stern aus 'sonderbarer Materie' also Quarks vor. Die Struktur eines solchen Sterns würde überwiegend durch die starke Kernkraft, weniger durch die Gravitation bestimmt. Dadurch könnte der Druck an der Oberfläche auf Null abfallen. Diese etwas exotischen Modelle werden normalerweise nicht in Betracht gezogen; es ist jedoch möglich diese durch Schlussfolgerungen aus Beobachtungen zu testen. Eine steifere EOS (näher an TI) andererseits würde Neutronensterne mit größeren Radien ($\gtrsim 15$ km) zulassen. Dies wird in Kap. 6.3, S. 82 erläutert.

Radius von Neutronensternen

Die Masse von NS in Doppelsystemen kann recht genau bestimmt werden und liegt in einem kleinen Bereich um $1.35 M_\odot$. Nach Abb. 1.4 liegt der typische Radius dieser NS zwischen 10.5 und 11.2 km. Es ist in diesen Fällen nicht möglich den Radius direkt geometrisch zu messen.

Anhand der hohen Rotationsgeschwindigkeit der schnellsten Pulsare kann man eine Obergrenze für den Radius angeben. Aus Gl. 1.1, S. 3, erhält man mit der Periode $P = 2\pi/\Omega$

$$R = 1.5 \times 10^3 \left(\frac{M}{M_\odot}\right)^{1/3} P^{2/3} \, \text{km}. \qquad (1.3)$$

Dies ist die obere Grenze für den Radius. Jeder Stern, der schneller rotiert wird instabil und sendet Gravitationswellen aus, wodurch sich die Rotation verlangsamt. Die kürzeste bekannte Periode von 1.6 ms (PSR B1937+21) ergibt damit eine Obergrenze von 23 km.

Indirekt kann man Radien von Sternen auch anhand ihrer Schwarzkörperstrahlung berechnen, wenn man die Oberflächentemperatur und die Entfernung bestimmen kann. Für

1.2. Neutronensterne

NS sind diese Größen nicht einfach messbar, aber es gibt einige von denen man annimmt, dass ihre Röntgenstrahlung rein thermisch ist. Ein Beispiel ist die isolierte, Röntgenquelle RX J1856.5-3754, deren Strahlung sowohl im optischen, als auch im Röntgenbereich beobachtet wurde [69][6]. Das Röntgen-Spektrum ist das eines schwarzen Körpers bei einer Temperatur von 57 eV, aber das optische Spektrum stimmt damit nicht überein. Die Interpretation hat dennoch interessante Aspekte: Die Gravitationsrotverschiebung, die man für Strahlung von der Oberfläche (also die Schwarzkörperstrahlung, Anhang. A.4, S. 102) erwartet, kann mit Hilfe einer direkten Messung der Leuchtkraft bestimmt werden [48].

Die Rotverschiebung z an der Oberfläche eines Sterns mit Radius R und Masse M ist gegeben, durch

$$1+z = \left(1-2\frac{GM}{Rc^2}\right)^{-1/2} = \left(1-\frac{R_S}{R}\right)^{-1/2}, \qquad (1.4)$$

wobei $R_S = 2GMc^2$ der Schwarzschild Radius ist. Von einer großen Entfernung aus gesehen beobachtet man die bolometrische Helligkeit L_∞ und die Temperatur T_∞. Diese hängen mit den wahren Größen L und T zusammen:

$$L_\infty = L(1+z)^{-2} \qquad (1.5)$$
$$T_\infty = T(1+z)^{-1}. \qquad (1.6)$$

Der Radius R_∞, den man aus dieser Leuchtkraft gewinnen kann wird dann

$$R_\infty = R(1+z). \qquad (1.7)$$

Dies ist eine fundamentale Korrektur, die berücksichtigt werden muss, falls man Modelle für die EOS mit Beobachtungsdaten vergleicht.

1. Einleitung

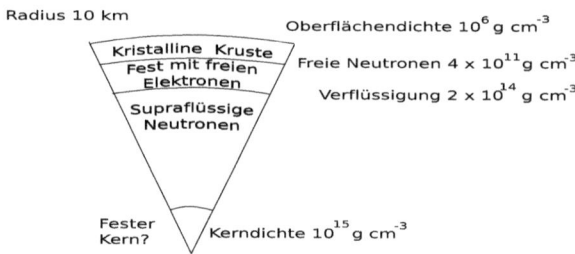

Bild 1.5. Typischer Querschnitt eines Neutronensterns

Aufbau

Wie bereits erwähnt besteht ein NS aus einer kristallinen Kruste, etwa 1 km dick, und einem flüssigen Inneren, welches hauptsächlich aus Neutronen besteht. Die Grenze zwischen diesen beiden Phasen ist bei einer Dichte nahe $\rho_s = 1.7 \times 10^{14}\,\mathrm{g\,cm^{-3}}$. Der Aufbau eines typischen NS mit $1.4 M_\odot$ ist in Abb. 1.5 gezeigt. Außen besteht der NS aus einer festen Oberfläche, hauptsächlich aus Eisenkernen. Darunter ist die Energie bereits hoch genug, dass Elektronen in die Atomkerne eindringen und mit Protonen zu Neutronen verschmelzen, was Kerne mit ungewöhnlich hoher Neutronenzahl erzeugt. Dadurch entstehen Atomkerne, die auf der Erde im Labor nicht herstellbar sind. Jenseits von $4 \times 10^{11}\,\mathrm{g\,cm^{-3}}$ werden die schwereren Kerne instabil und es entsteht eine Neutronenflüssigkeit, in die die restlichen Kerne eingebettet sind. Ab einer Dichte größer als ρ_s besteht der Kern des NS nur noch aus Neutronen in flüssigem Zustand, mit einem kleinen Anteil (etwa 5%) Protonen und Elektronen.

Neutronen und Protonen sind beide superflüssig, das heißt die Viskosität ist null. Ein Teil der Superflüssigkeit dringt in die feste Kruste ein. Das Drehmoment bleibt aber von der Kruste entkoppelt und die Superflüssigkeit rotiert mit einer anderen Geschwindigkeit. Dies kann 'Sternbeben' verursachen, welche zur Erklärung von Irregularitäten der Rotationsperiode mancher NS von entscheidender Bedeutung sind. Die Neutronenflüssigkeit im

---

[6]hierauf wird noch wesentlich genauer eingegangen

inneren des Sterns ist über das Magnetfeld an die Kruste gekoppelt. Das Zentrum könnte noch exotischere Materie, Mesonen und Kaonen enthalten, welche einen festen Kern formen könnten, der dann wichtig für die Interpretation des Rotationsverhaltens des Neutronensterns wären [6].

Das Magnetfeld von Neutronensternen

Wenn ein normaler Stern in einer Supernova explodiert wird der Fluss seines polaren Magnetfeldes ($\approx$ 100 gauss) konserviert. Junge NS erreichen daher Feldstärken von 10^{12} G[7]. Alte Pulsare haben 'nur' 10^8 gauss. Trotz der enormen Stärke des Magnetfeldes hat es nur sehr wenig Effekt auf die Struktur des NS. Außerhalb des NS dominiert es aber alle physikalischen Prozesse und überwiegt sogar die Gravitation um einen sehr großen Faktor, z.B. 10^{12} beim Krebs-Pulsar.

Der Magnetische Dipol ist gegenüber der Rotationsachse verstellt. Dadurch strahlt der Neutronenstern elektromagnetische Wellen mit seiner Rotationsfrequenz aus. Dies ist die Hauptursache für den Verlust von Rotationsenergie und die beobachtete Verlangsamung. Bei jungen Pulsaren ist der Energiefluss ausreichend um hochenergetische Partikel in einem umgebenden Nebel zu erzeugen. So ist der Krebs-Pulsar die Energiequelle für die Synchrotonstrahlung des umgebenden Krebsnebels (Abb. 1.2). Das rotierende Magnetfeld erzeugt ein lokalisiertes elektrisches Feld, das die Region zwischen Pulsar-Oberfläche und einer Entfernung r_c beeinflusst. $r_c = c/\Omega$ ist dabei die Entfernung, in der eine mit rotierende Erweiterung des Pulsars mit Winkelgeschwindigkeit Ω eine Geschwindigkeit gleich der von Licht c hätte. Diese radiale Entfernung definiert den Lichtzylinder (Abb. 1.6). Innerhalb dieses Zylinders befindet sich eine ionisierte Magnetosphäre aus hochenergetischem Plasma. Bis zu einer Entfernung r_c rotiert diese Magnetosphäre mit der selben Winkelgeschwindigkeit Ω wie der NS. Sie ist auch der Ursprung der gerichteten Radiostrahlung.

---

[7] anomale Röntgenpulsare (Magnetare) erreichen Feldstärken von 10^{14}-10^{15} G

1. Einleitung

Der allgemeine Fall des verstellten Rotators konnte bis heute nicht vollständig analytisch gelöst werden. Allerdings scheinen viele der Charakteristiken der Magnetosphäre dem Fall des parallelen Rotators zu ähneln [52].

Das Magnetfeld übt einen starken dynamischen Einfluss auf das Innere des Pulsars aus. Die Neutronenflüssigkeit beinhaltet einen kleinen Anteil Protonen und Elektronen; dieser geladene Anteil koppelt die Flüssigkeit sehr stark an das Magnetfeld. Wie oben erwähnt ist der Anteil, der in die Kruste des NS eindringt nicht vollständig gekoppelt. Die Rotation des NS besteht also aus einer Festkörperrotation und der Rotation einer Flüssigkeit, wobei die Kopplung zwischen beiden Komponenten variabel ist. In der Tat kann sich diese Kopplung diskontinuierlich verändern, die Rotationsgeschwindigkeit macht einen Sprung, bekannt als 'Glitch'. Diese Erscheinungen geben Hinweise auf die Bedingungen innerhalb des NS.

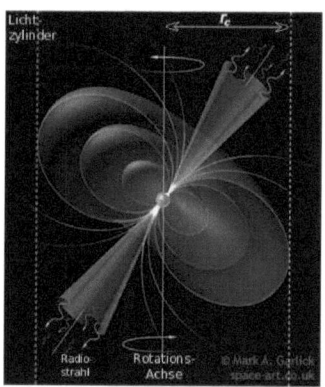

Bild 1.6. Magnetosphäre eines Neutronensterns. Innerhalb einer radialen Entfernung $r_c = c/\Omega$ von der Rotationsachse liegt eine ionisierte, mit rotierende Magnetosphäre vor. Die Feldlinien, welche den Licht-Zylinder berühren, markieren den Rand der Polkappen. Entlang der offenen Feldlinien an den Polkappen können Teilchen und Strahlung emittiert werden. Zusätzliche Strahlung emittierende Regionen ('Outer-Gap') könnten ebenfalls auftreten.

Der offensichtlichste Effekt eines starken Magnetfeldes auf einen Pulsar ist die Verlangsamung der Rotation. Dies geschieht, weil Drehimpuls in elektromagnetische Strahlung umgewandelt wird, die dann die Rotationsfrequenz des magnetischen Dipols besitzt. Das Dipolfeld selbst scheint dabei langsam größer zu werden.

1.2. Neutronensterne

In Röntgendoppelsternen wird Materie vom Begleiter auf den NS akkretiert. Dabei verläuft die Akkretion entlang der Feldlinien auf die Polarregionen, welche wiederum aufgeheizt werden und dadurch die Röntgenstrahlung emittieren. Dabei kann resonante Zyklotronstrahlung auftreten, welche eine Spektrallinie im Röntgenbereich verursacht. Anhand dieser kann man die Magnetfeldstärke direkt messen. Es gibt eine Tendenz von jungen Pulsaren ($\sim 10^{12}$ gauss) über Röntgendoppelsterne ($\sim 10^{10}$ gauss) bis hin zu Millisekundenpulsaren ($\sim 10^8$ gauss). Es scheint, als ob die Magnetfeldstärke durch den Akkretionsprozess selbst reduziert wird.

2. Die Glorreichen Sieben

Die so genannten "Glorreichen Sieben" (M7[1]) sind eine kleine, etwas sonderbare Gruppe von Neutronensternen. Trotz ihrer gemeinsamen Eigenschaften ist jedes Mitglied dieser Gruppe in wenigstens einem Aspekt einzigartig. Durch ihre relativ geringe Entfernung von der Erde sind sie besonders interessante Objekte und wurden seit ihrer Entdeckung eingehend studiert. Im Folgenden sollen die wesentlichen bekannten Eigenschaften der M7 kurz dargestellt werden.

2.1. Die Entdeckung von RX J1856.5-3754

Am ersten Juni 1990 wurde das deutsche Röntgenobservatorium ROSAT gestartet und eine neue Ära in der Röntgenastronomie eingeleitet[2]. Das Teleskop wurde bereits 1975 vorgeschlagen und 1983 genehmigt [4]. Nie zuvor wurde ein Durchmusterung des gesamten Himmels mit vergleichbarer Sensitivität ($\sim 2 \times 10^{-14}\,\mathrm{erg\,cm^{-2}}$) und vergleichbarer astrometrischer Genauigkeit ($\sim 0.3\ldots 1'$) [83] im Röntgenbereich durchgeführt. Während der halbjährigen Himmelsdurchmusterung (RSS, *ROSAT bright survey*) und den darauf folgenden, mehr als 9000, gezielten Beobachtungen (PSPC, *pointings*) wurden alle Aufnahmen gesichtet und archiviert. Neben extragalaktischen Quellen und jungen TTauri Sternen gehörten Neutronensterne erwartungsgemäß zu den gefundenen Objekten.

Bild 2.1. Optische Aufnahme von RX J1856.5-3754 mit der *Wide Field Planetary Camera 2* (WFPC2) des HST. Seine Helligkeit im f_{606} Filter des HST beträgt 25.9 mag. ©NASA und F.M. Walter (Stony Brook University)

---
[1] eng: *The Magnificent Seven*
[2] http://www.mpe.mpg.de/xray/wave/rosat/mission/rosat/introduction.php

2.1. Die Entdeckung von RX J1856.5-3754

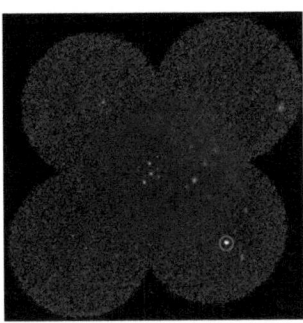

Bild 2.2 ROSAT PSPC *pointing* der Corona Australis (CrA) Sternenentstehungregion (1992). Im Zentrum des Bildes sieht man die jungen TTauri Sterne der CrA Assoziation. Unten rechts, rot markiert, befindet sich eine außergewöhnlich helle, unidentifizierte, Röntgenquelle, die sich später als isolierter Neutronenstern RX J1856.5-3754 herausstellte [97].

Im Jahre 1996 publizierten Walter u. a. [97] einen Artikel in *Nature*, in dem sie eine helle Röntgenquelle (3.6 counts/s) vorstellten, die zufällig in einem PSPC *pointing* der Corona Australis Sternentstehungsregion, Abb 2.2, gefunden wurde. Da Röntgenstrahlung durch die interstellare Materie (Wasserstoff, Staub) absorbiert wird, kann man aus der außergewöhnlich "weichen" Strahlung des Objekts auf eine geringe Entfernung schließen. Die Molekülwolke der Sternentstehungsregion, wird mit einer Entfernung von $\sim 130\,\mathrm{pc}$ angegeben [62]. Trotz dieser augenscheinlich geringen Entfernung, wurde zunächst in optischen Aufnahmen kein Gegenstück innerhalb des Fehlerkreises der ROSAT Messung gefunden. Weiterhin wurde keine Variabilität im Röntgenfluss gemessen und das gemessene Spektrum stimmt mit dem eines schwarzen Körpers (660 000 K) überein. Diese Überlegungen lassen nur den Schluss zu, dass es sich um einen isolierten Neutronenstern[3] handelt. Sein Eintrag im ROSAT Datenarchiv lautet RX J1856.5-3754 (im weiteren Text RX J1856), womit auch seine Position gegeben ist.

Die optische Detektion, Abb. 2.1, gelang 1997 Walter und Matthews [96] mit dem Hubble Space Teleskop (HST). Hierauf wird später noch genauer eingegangen.

---

[3]isoliert bedeutet hier, dass der NS kein Mitglied in einem Doppel-, oder Mehrfachsternsystem ist und kein Supernova Überrest in der nähe gefunden wurde.

2.2. Eine neue Gruppe von Neutronensternen

Akkretion, oder Kühlung?

Nach und nach wurden sechs weitere gleichartige Neutronensterne in den ROSAT Daten gefunden. Nachdem 1998 Kulkarni und van Kerkwijk [43] die optische Detektion des zweithellsten Mitglieds dieser Gruppe, RX J0720.4-3125 (im weiteren Text RX J0720) gelang, fasste Motch [55] die bis dato gewonnenen Informationen zusammen. Alle sieben Objekte besitzen folgende gemeinsame Eigenschaften:

- ein weiches Röntgenspektrum
- keine, oder nur schwache Radioemission
- kein zugehöriger Supernova Überrest
- keine Langzeitvariabilität[4]
- lange Rotationsperioden

Zunächst war nicht eindeutig zu bestimmen welcher Mechanismus die Röntgenstrahlung verursacht. Anhand der oben aufgeführten Eigenschaften kamen zwei Erklärungsmodelle infrage.

1. Einerseits könnte es sich um alte, akkretierende Neutronensterne handeln. Die Röntgenstrahlung wird dabei durch den Akkretionsprozess verursacht. Der Neutronenstern selbst wäre schon abgekühlt und unsichtbar. Dieser Mechanismus funktioniert jedoch nur, wenn der Neutronenstern eine bestimmte Geschwindigkeit, relativ zum ihm umgebenden Medium nicht überschreitet (etwa 100 km/s) und wird als Bondi-Hoyle Akkretion bezeichnet [11]. Ursprünglich wurde eine große Anzahl solcher akkretierenden Neutronensterne vorhergesagt. Da jedoch nur sieben in Frage kommende Quellen in den ROSAT Daten gefunden wurden, suchte man nach alternativen Erklärungsmodellen.

---

[4]dies stellte sich später für R J0720.4-3125 als Irrtum heraus, siehe z.B. [35]

2.2. Eine neue Gruppe von Neutronensternen

Tabelle 2.1. Isolierte Neutronen Sterne (Magnificent Seven)

Objekt RX J	Temp. kT_∞ [eV]	Rotations- periode [sec]	dP/dt (10^{-14}) [sec/sec]	Puls- stärke [%]	Ent- fernung [pc]	Optische Magnitude [mag]	Eigen- bewegung [mas/yr]
1856.5-3754	64	7.05	3	1	123^{+11}_{-13}	V=25.7	332
0720.4-3125	85-95	8.39	7	11	360^{+170}_{-90}	V=26.81	108
1605.3+3249	96	—	—	≤ 3	≤ 410	B=27.2	145
0806.4-4123	96	11.37	6	6	≈ 235	$B \geq 24$	≤ 86
1308.6+2127	86	10.31	11	18	76-380	m_{50CCD}=28.6	223
2143.0+0654	100	9.44	4	4	≥ 250	B=26.96	—
0420.0-5022	44	3.45	—	17	≈ 345	B=26.6	≤ 123

Anmerkungen: RX J0720.4-3125 zeigt Variabilität in Temperatur und Puls-Periode (möglicherweise auf Grund von Präzession); Nur die Entfernungen von RX J1856.5-3754 und RX J0720.4-3125 wurden direkt gemessen. Andere Entfernungen wurden anhand von Röntgenfluss und der absorbierenden Wasserstoffsäulendichte geschätzt. Eigenbewegung in milli arc seconds per year [mas/yr]. Referenzen: [35, 24, 12, 89, 41, 19, 77, 57, 58, 76, 26, 94]

2. Es könnte sich auch um junge heiße Neutronensterne handeln. Die thermische Strahlung, die sie aussenden, wäre dann ein Zeichen für ihre langsame Abkühlung. Aus theoretischen Kühlungskurven kann man folgern, dass diese dann jünger als $\sim 10^6$ Jahre sind. Die langsamen Rotationsperioden und die nicht vorhandene Radiostrahlung ließen in einem solchen Fall auf ein enorm starkes Magnetfeld ($\sim 10^{13}$ G) schliessen. Diese Theorie lässt sich auch besser mit gängigen Neutronenstern-Populationsmodellen in Einklang bringen.

Der Vergleich der geringen Anzahl der Objekte (sieben) mit der vorhergesagten Population stellt das Modell des akkretierenden Neutronensterns in Frage [82]. Eindeutige Antworten ließen sich jedoch erst später geben, als die Eigenbewegung der ersten M7 Mitglieder gemessen wurde. Dies wird in einem eigenen Kapitel aufgegriffen. Aufgrund der hohen Eigenbewegung einiger M7 ist man sich heute weitgehend einig, dass es sich um junge kühlende Neutronensterne mit außergewöhnlich starkem Magnetfeld handelt.

2. *Die Glorreichen Sieben*

Die Erben von ROSAT: CHANDRA und XMM-Newton Beobachtungen

In den folgenden Jahren wurden alle M7 genauen Analysen unterzogen. Während auf die optischen Beobachtungen in einem gesonderten Kapitel eingegangen werden soll, werden hier die wichtigsten Durchbrüche der Röntgenastronomie kurz angedeutet.

Die Durchmusterung des gesamten Himmels durch den ROSAT Satelliten war der Startschuss für ein neues Zeitalter in der Röntgenastronomie. Am 23. Juli 1999 wurde das CHANDRA Röntgenobservatorium von der NASA ins All geschossen. Am 10. Dezember 1999 startete die ESA das XMM-Newton (*X-ray multi mirror*) Teleskop. Die M7 waren und sind beliebte Ziele der Röntgenastronomie. Drake u. a. [18] untersuchten CHANDRA Spektren von RX J1856. Sie detektierten keine Pulsationen und die Schwarzkörper-Temperatur des Röntgenflusses deutete auf einen Radius < 10 km hin, was nur mit exotischen Zustandsgleichungen aus Quark-Materie erklärbar war. Die Daten beider Teleskope kombinierend untersuchten auch Burwitz u. a. [12] die Röntgenstrahlung von RX J1856 im Detail. Auch sie fanden, dass das Spektrum am besten durch einen Schwarzkörper mit kleinem Radius beschrieben werden kann[5]. Darüber hinaus weist das Spektrum keinerlei Charakteristiken auf und auch eine Rotationsperiode konnte bis zu einer Pulsstärke von 1.3% ausgeschlossen werden. In ähnlicher Weise untersuchten Haberl u. a. [26] 2004 die beiden isolierten NS (INS) RX J0420.0-5022 und RX J0806.4-4123. Beide besitzen eine Rotationsperiode von einigen Sekunden und weisen eine gaussförmige Absorptionslinie im Spektrum auf, die vielleicht mit Proton-Zyklotron Absorption in Verbindung steht und für die Bestimmung der magnetischen Induktion B herangezogen werden kann. Die wichtigsten bekannten Eigenschaften aller M7 sind in Tab. 2.1 und (bereits früher) in Haberl [23, 24] zusammengefasst. Abb. 2.3 zeigt exemplarisch zwei Röntgenspektren und deren Anpassung an Modelle. Abb. 2.5 zeigt vier Bespiele von Röntgenleuchtkurven. Die stärksten Absorptionserscheinungen im Spektrum weist jedoch RBS 1223 (RX 1308.6+2127) auf. Schwope u. a. [77] fanden zwei gaussförmige Absorptionslinien, die mit einem Magnetfeld von $B \sim 4 \times 10^{14}$ G konsistent sein könnten. Da

---

[5]Auf die Bestimmung des Neutronensternradius wird ausführlich in Kap. 6.3, S. 82, eingegangen.

2.2. Eine neue Gruppe von Neutronensternen

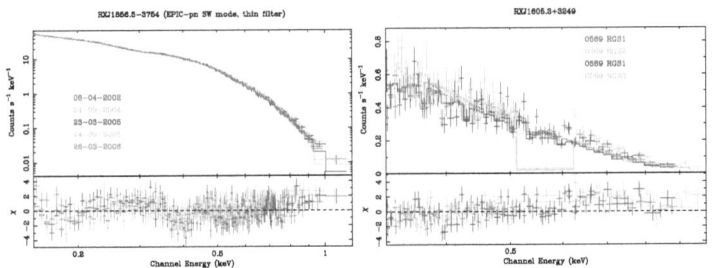

Bild 2.3. Spektren zweier sehr unterschiedlicher isolierter NS:
links: XMM-Newton EPIC-pn Spektren von RX J1856 angepasst durch einen absorbierten Schwarzkörper mit $\chi^2 = 1.55$ [24]. Dies demonstriert die Stabilität des NS. Der kleine Dip in den Residuen illustriert ein verbleibendes Kalibrierungsproblem.
rechts: das Spektrum eines weiteren M7, RX J1605.3+3249 [24]. Die beste Anpassung erforderte das Hinzufügen von drei Absorptionslinien mit Äquivalentbreiten zwischen 67 und 96 eV. Für nähere Informationen siehe Haberl [24].

die Röntgenemission von heißen Flecken auf der Neutronensternoberfläche zu stammen scheint, [79] liegt die Zukunft dieser Untersuchungen in der phasen-aufgelösten Spektroskopie, unter Zuhilfenahme der Rotationsperiode. Eindeutige Schlussfolgerungen waren bisher jedoch nicht möglich.

Präzession von RX J0720.4-3125?

RX J0720 ist einzigartig unter den M7. Die Tiefe der Absorptionslinie in seinem Spektrum variiert antizyklisch mit der Pulsperiode [28]. Darüber hinaus konnten de Vries u. a. [15] eine langperiodische (etwa sieben Jahre) Änderung des Röntgenspektrums messen. Haberl u. a. [27] untersuchten alle verfügbaren *XMM-Newton* Daten (über 5 Jahre). Ab Mai 2004 werden die Spektren "weicher"[6], wohingegen sie bis 2004 eher "härter" wurden [15].

Alle Spektren können jedoch durch einen Schwarzkörper + Absorptionslinie modelliert werden. Sämtliche Variationen im Spektrum sind von Haberl u. a. [27] durch Variationen der effektiven Temperatur, der Tiefe der Absorptionslinie und die Größe der ausstrahlen-

---
[6]die Ausstrahlung wird zu längeren Wellenlängen hin verschoben

2. Die Glorreichen Sieben

den Fläche erklärt worden. Wie in Abb. 2.4 aus Haberl u. a. [27] zu sehen ist, haben diese einen sinusförmigen Verlauf. Die Zeitskala von 7.1 Jahren, deutet auf das Szenario eines frei präzedierenden Neutronensterns hin, bereits vorgeschlagen von de Vries u. a. [15].

Die Periode von 7.1 Jahren ist dann die Präzessionsperiode. Genauere Untersuchungen und neue Beobachtungen sprechen nicht gegen die Hypothese eines präzedierenden Neutronensterns, liefern allerdings auch keine erhärtenden Beweise. Die Anpassung der Sinus-Funktion, bzw. einer abs(sin) Funktion, ist nicht befriedigend, siehe Hohle u. a. [35].

Eine alternative Hypothese stellten van Kerkwijk u. a. [90] auf. Aus ihrer Analyse geht hervor, dass der Großteil der Variation sehr schnell zwischen Mai und Oktober 2003 auftrat. Ihr Modell enthält keine sinusförmigen Variationen, sondern die Annahme eines "Glitch"-Ereignisses. Während dieses Ereignisses wurden die Eigenschaften des Neutronensterns schlagartig verändert. In der darauffolgenden Zeit kehrt er langsam wieder in seinen Gleichgewichtszustand zurück [90].

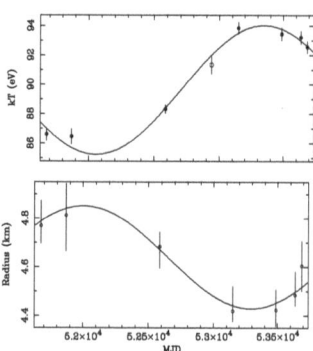

Bild 2.4. Temperaturverlauf und Verlauf der Emissionsregion von RX J0720. Die Sinus-Funktion mit 7.1 Jahren Periode zeigt das beste Präzessionsmodell, siehe Haberl u. a. [27].

Grenzen der Röntgenastronomie

Weitere Beobachtungen lieferten die Spektren, Rotationsperioden P und deren Abnahme dP/dt der meisten M7. Letztlich fanden sich auch schwache ($\sim 1\%$) Pulsationen in RX J1856 [89], siehe Tab. 2.1. Darüber hinaus konnte man durch die außergewöhnliche Auflösung des Chandra Observatoriums die Röntgeneigenbewegungen von einigen Neutronensternen bestimmen, dokumentiert in Motch u. a. [57, 58].

Wesentlich erfolgreicher hinsichtlich Astrometrie (Eigenbewegung, Entfernung, Position) waren jedoch Untersuchungen im optischen Spektralbereich, wie im Folgenden zu sehen sein wird. Auch die Helligkeit der M7 im optischen Spektralbereich (oder die Sichtbarkeit überhaupt) bietet wichtige Informationen und wirft weitere Fragen auf. Das Akkretionsmodell sagte die Sichtbarkeit der NS im Optischen voraus. Dieses Modell wurde jedoch, zumindest für einige M7, widerlegt. Ein kühlender Neutronenstern sollte eigentlich nicht im optischen sichtbar sein. Wenn man die nichtabsorbierte Planck-Kurve eines der M7 ins optische extrapoliert endet man bei Helligkeiten, die deutlich jenseits der derzeitigen technischen Möglichkeiten liegen. Dennoch war es Walter und Matthews [96] möglich, RX J1856 zu beobachten. Der Grund dafür ist ein noch nicht geklärter optischer Exzess, den alle M7 zu besitzen scheinen.

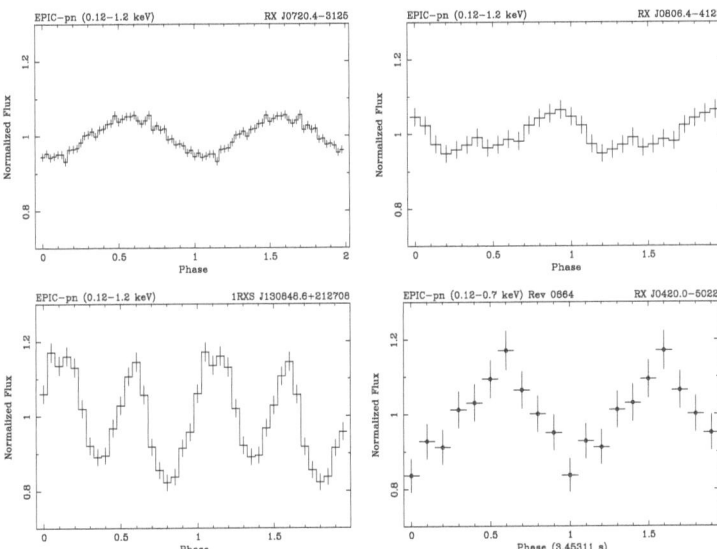

Bild 2.5. XMM-Newton EPIC-pn Lichtkurven, gefaltet auf die Pulsperiode der vier M7, bei denen als erstes Pulsationen entdeckt wurden. Für weitere Informationen siehe Haberl [23].

3. Bodengebundene Beobachtungen von RX J0720.4-3125

Als Ende der 90er Jahre die ersten der M7 mit ROSAT entdeckt wurden, hielt man diese Ausnahmslos für akkretierende Neutronensterne. Aufschluss über die Details des Akkretionsmechanismus, wie z.b. die Masse des einfallenden Materials, oder dessen Geschwindigkeit, erhoffte man sich durch optische Beobachtungen. Sowohl die thermische Röntgenstrahlung des NS, als auch die erwartete starke Strahlung im Optischen, schrieb man der durch die Akkretion aufgeheizten Materie zu.

Dieses Modell wies jedoch ,wie sich schnell zeigte, einige Erklärungsmängel auf:

- Die Anzahl der akkretierenden Neutronensterne (sieben) war zu gering,
- die Eigenbewegung von RX J1856 war zu hoch und
- die Helligkeit im optischen war zu gering (ineffiziente Akkretion).

Ein alternatives Erklärungsmodell des kühlenden und damit thermisch strahlenden Neutronensterns ist in Kap. 2.2, S. 16 erläutert worden. Der ausschlaggebende Punkt für dieses Modell des thermisch abstrahlenden NS war die zu hohe Eigenbewegung von RX J1856. Dies konnte jedoch bis Anfang 2003 nur bei diesem einen Neutronenstern gemessen werden. Offensichtlich war es an der Zeit eine ähnliche Menge an Informationen für den zweithellsten der M7, RX J0720, zu sammeln.

3.1. Frühere Arbeiten

Der zweithellste der M7 wurde von Haberl u. a. [25] als isolierter Neutronenstern in ROSAT Daten identifiziert. Die erste Detektion des optischen Gegenstückes gelang zunächst Kulkarni und van Kerkwijk [43] mit dem Keck-II Teleskop. Sie fanden ein leuchtschwaches Objekt ($B = 26.6\,\mathrm{mag}$, $B - R = -0.3\,\mathrm{mag}$) im Bereich der ROSAT Quelle.

3.1. Frühere Arbeiten

Etwa zur gleichen Zeit veröffentlichten Motch und Haberl [56] eine wegweisende Arbeit. 1998 hielt man die M7 noch für akkretierende Neutronensterne deren visuelle Helligkeit durch den Einfall von Materie auf die Oberfläche verursacht wird. Darum waren Motch und Haberl [56] etwas überrascht, als sie nur in einer 2.5h B-Band Aufnahme mit dem NTT[1] zwei extrem leuchtschwache Kandidaten fanden ($B \gtrsim 26$ mag, Abb. 3.1). Heute wissen wir, dass deren Objekt X1 der Neutronenstern ist. Darüber hinaus machten Motch und Haberl [56] Aufnahmen im U-Band (3.5h ebenfalls mit dem NTT), sowie im V und I-Band (jeweils

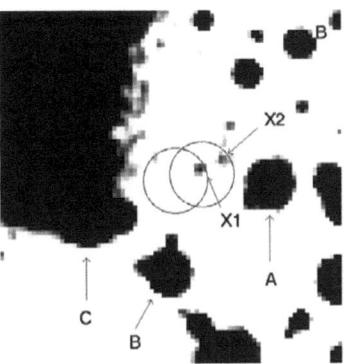

Bild 3.1. B–Band Bild der Position von RX J0720 mit ROSAT HRI Fehlerkreisen und den beiden Kandidaten X1 und X2. Die Sterne A, B und C wurden zur Kalibrierung der absoluten Photometrie benutzt [56].

≈ 20 min mit dem ESO-Dutch 0.9 m Teleskop), ohne eine Spur des Neutronensterns zu entdecken. Allerdings konnten die Aufnahmen für sehr genaue Mehr-Farben-Photometrie der übrigen Objekte im Feld herangezogen werden. Vergleicht man die Helligkeit der Sterne in einem Farb-Farb Diagramm (z.B. $B - I$ über $U - B$), so kann man durch Vergleich mit der Hauptreihe und dem Riesenast die Extinktion in diese Richtung bestimmen. Die sich daraus ergebende Wasserstoffsäulendichte beträgt nur $N_H = 1.89 \times 10^{21}$ cm^{-2}. Der entsprechende Wert für N_H aus den ROSAT Spektren ist sogar noch geringer. Diese Werte, zusammen mit den oberen Limits der Photometrie, bestätigen, dass es sich bei RX J0720 um einen sehr nahen Neutronenstern handelt, der sich in einer Region mit niedriger Materiedichte befindet. Da Akkretion nur dann möglich ist, wenn die Relativgeschwindigkeit unterhalb der Schallgeschwindigkeit liegt [11], bedeutet dies, dass der NS ab einer Entfernung von 170 pc praktisch still stehen müsste um zu akkretieren. Alle Fakten zusammen

---
[1] *New Technology Telescope.* 3.6 m-Spiegelteleskop mit aktiver Optik.

3. Bodengebundene Beobachtungen von RX J0720.4-3125

ließen die Akkretionstheorie immer unwahrscheinlicher wirken, weswegen, die Beobachtungen und Schlussfolgerungen von Motch und Haberl [56] ein weiterer Beweis für die Theorie der kühlenden jungen Neutronensterne mit starkem Magnetfeld war.

Motch u. a. [59] gaben sich mit diesem Teilerfolg jedoch nicht zufrieden. Es folgten weitere Beobachtungen mit dem NTT im Jahre 1999. Ein erster Erfolg gelang mit dem Instrument EFOSC2[2], installiert am 3.6 m Teleskop der *ESO* auf La Silla. Mit 4.8 h Belichtungszeit im *B*-Band und 7.25 h im *U*-Band gelang es, den Neutronenstern zu detektieren und dessen blaue Farbe zu $U - B = -0.76 \pm 0.23$ zu bestimmen [59]. Dies bestätigte Erkenntnisse, die Kaplan u. a. [42] mit dem *"Hubble Space Telescope"* (HST) sammelte und etwa zur gleichen Zeit publizierte. Der Durchbruch gelang Motch

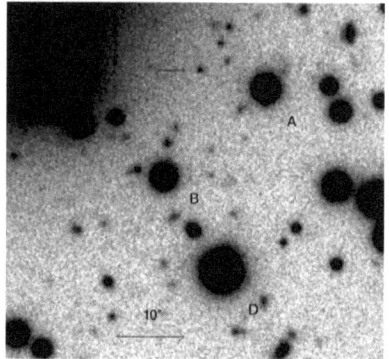

Bild 3.2. Summe der Einzelaufnahmen mit dem besten "Seeing" (*seeing: Maß für die Qualität der Atmosphäre*), aufgenommen mit FORS1 am UT 1 (*Unit Telescope*) zum Jahreswechsel 2002/03. Die photometrischen Referenzsterne sind mit ABD markiert. Der Pfeil zeigt auf den Neutronenstern. Norden ist oben, Osten ist links [59].

u. a. [59] als im Dezember 2000 6.7 h Zeit mit dem *"FOcal Reducer and low dispersion Spectrograph"* (FORS) am 8.2 m *"Very Large Telescope"* (VLT) der *ESO* für RX J0720 genehmigt wurde. Diese, kombiniert mit einer weiteren, ähnlich tiefen Belichtung Ende 2002 (Abb. 3.2) ermöglichte nicht nur akkurate photometrische Messungen (Tab. 3.1), sondern auch die Messung der Eigenbewegung des Neutronensterns. Die vier Epochen von 1999 bis 2003 haben jeweils ganzzahlige Vielfache von Jahren als Zeitabstände. Mit der qualitativ besten Aufnahme (FORS im Jahr 2000) als Referenz, gelang es die Eigenbewegung

---

[2]*ESO Faint Object Spectrograph and Camera*

3.1. Frühere Arbeiten

des Neutronensterns zu $\mu = 97 \pm 12\,\text{mas/yr}$ mit einem Winkel von $29° \pm 7°$ zu bestimmen. Mit dieser recht großen Eigenbewegung ist die Möglichkeit der Materieakkretion nahezu ausgeschlossen.

Darüber hinaus war es Motch u. a. [59] möglich, die spektrale Energieverteilung der optischen Daten mit den Röntgendaten zu vergleichen. Das beste Modell für Röntgenspektren, aufgenommen mit Chandra, war ein Schwarzer Körper. Der optische Fluss jedoch befindet sich um einen Faktor vier im Exzess zum Röntgenfluss. Darum schlugen Pavlov u. a. [67] ein 2-Komponenten-Modell, bestehend aus zwei schwarzen Körpern vor. Der heißere Röntgen-Schwarzkörper verkörpert einen heißen Fleck, der kühlere optische Anteil beschreibt die Emission der übrigen Oberfläche des Neutronensterns. Ein ähnliches Modell wurde auch für RX J1856 vorgeschlagen [69].

Tabelle 3.1. U und B Magnituden von RX J0720 (1σ Fehler), [59]

Epoche	U	B
Feb-Apr 1997		26.58 ± 0.25
Jan 1999		26.79 ± 0.20
Jan 2000	25.68 ± 0.17	26.44 ± 0.15
Dez 2000		26.787 ± 0.040
Dez 2002 - Jan 2003		26.620 ± 0.050

Bereits im Jahre 2002 begannen Kaplan u. a. [41] mit einer Beobachtungskampagne, die zum Ziel hatte die Entfernung von RX J0720 zu bestimmen. Zunächst sind jedoch die über eine Zeitspanne von zwei Jahren mit der ACS[3] des HST aufgenommenen Daten hervorragend geeignet um die Eigenbewegung des NS zu bestimmen[4]. Aufgrund der höheren Auflösung der ACS kommen Kaplan u. a. [41] zu einem recht genauen Ergebnis von $\mu = 107.8 \pm 1.2\,\text{mas/yr}$.

---

[3] Advanced Camera for surveys
[4] Die Bestimmung der Entfernung von RX J0720 wird in einem eigenen Kapitel behandelt.

3.2. Neue Photometrie und Astrometrie für RX J0720.4-3125

Seit seiner ersten optischen Beobachtung druch Kulkarni und van Kerkwijk [43] wurden große Anstrengungen unternommen, die Rätsel rund um RX J0720 zu lösen. Wie immer sind dabei auch zahlreiche neue Fragen aufgeworfen worden. Der optische Exzess, den Motch u. a. [59] genau bestimmten, ist unbestreitbar vorhanden. Seine Ursache und das Modell, das diesen akkurat beschreibt sind weiter Gegenstand der Forschung und kontroverser Diskussionen. Genaue Photometrie in weiteren Wellenlängenbereichen ist hier mit Sicherheit hilfreich [31]. Darüber hinaus entdeckten Haberl u. a. [27] langperiodische Variationen im Röntgenfluss von RX J0720 und werteten dies als Anzeichen für Präzession. van Kerkwijk u. a. [90] favorisieren eine alternative Erklärung für die langzeitliche Variabilität. Ihrer Meinung nach lassen sich die Daten am besten durch ein abruptes Ereignis, einen Glitch, erklären, von dem sich der NS nun langsam wieder erholt. Im Lichte dieser beiden Interpretationsmöglichkeiten ist auch dieses Beobachtungsergebnis aktueller Diskussionsgegenstand [35]. Es stellt sich die Frage, ob die im optischen strahlende Komponente des NS ebenfalls von der Langzeitvariabilität betroffen ist und was uns das über die Natur des Phänomens sagen kann.

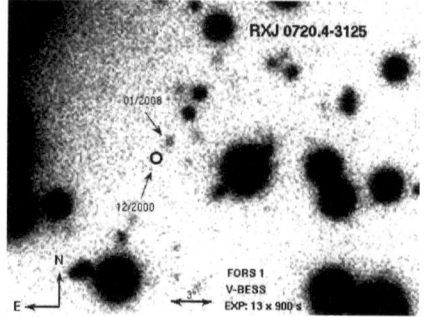

Bild 3.3. Aufaddiertes V-Band Bild von RX J0720. Der Kreis zeigt die Position des NS in der Aufnahme von Motch u. a. [59] vom Dezember 2000. Der Pfeil zeigt auf den NS im Aktuellen Bild. [19]

Im Folgenden werden nun unsere Aufnahmen von RX J0720 im V Band vorgestellt. Die aus den Aufnahmen ermittelte Helligkeit kann mit seiner Lage zwischen den beiden bereits bekannten B und R Band Magnituden Aufschluss über die spektrale Energieverteilung

3.2. Neue Photometrie und Astrometrie für RX J0720

Tabelle 3.2. Beobachtungslogbuch

Datum	Instrument Teleskop	Filter	Exp s	Pixel ($''$)	Seeing ($''$)	Target
12 Jan. 2008	FORS1/UT1	V Bessel	$8.1 \cdot 10^3$	0.125	1.1	RX J0720.4-3125
13 Jan. 2008	FORS1/UT1	V Bessel	$3.6 \cdot 10^3$	0.125	0.8	RX J0720.4-3125
12 Jan. 2008	FORS1/UT1	V Bessel	$4 \cdot 10$	0.125	1.6	47-Tuc
12 Jan. 2008	FORS1/UT1	V Bessel	12	0.125	1.6	Landolt Feld SA 98
12 Jan. 2008	FORS1/UT1	V Bessel	5	0.125	1.1	Landolt Feld SA 98

des NS geben. Darüber hinaus gelang es uns, unter zu Hilfenahme von Archivdaten, die Eigenbewegung des Neutronensterns neu zu bestimmen. Unser Ergebnis ist das genaueste, welche jemals vom Boden aus für diesen NS erzielt wurde. Zusätzlich veröffentlichten wir aktualisierte Weltkoordinaten für den NS. Die Ergebnisse dieser Arbeit sind auch in Eisenbeiss u. a. [19] veröffentlicht.

Beobachtungen

Im Januar 2008 haben wir RX J0720 erneut, für über drei Stunden, am ESO Paranal Observatorium mit VLT/FORS 1 beobachtet. Die Beobachtungen wurden von Thomas Eisenbeiß (Antragsteller Professor Dr. Ralph Neuhäuser) im V Bessel Filter ausgeführt. 13 Einzelaufnahmen zu je 900 s wurden aufgenommen. Für die astrometrische Kalibrierung wurde außerdem der Kugelsternhaufen 47 Tuc aufgenommen, wobei die Position $\alpha = 00^h 22^m 29.3^s$ und $\delta = -71°59'54.3''$ anvisiert wurde. Tab. 3.2 zeigt das Beobachtungslogbuch, Abb. 3.3 die aufaddierte Aufnahme.

Auf alle Bilder wurde die "Flat-Field"[5]- und die Dunkelstrom-Korrektur angewandt. Da der FORS Detektor im Jahre 2007 erneuert, und somit verändert, wurde, war unsere Analyse auf das Welt-Koordinatensystem (WCS[6]) beschränkt. Hinzu kommt, dass der neue Chip aus zwei Hälften besteht, was die Anzahl der für die Kalibrierung zur Verfügung stehenden Referenz-Sterne ebenfalls halbiert. Um eine gute astrometrische Anpassung zu erzielen,

---
[5]Die Bezeichnung für diese in der Dämmerung aufgenommenen Bilder zur Eichung der Ausleuchtung des Detektors und zum Ausgleichen der individuellen Pixel-Sensitivität lässt sich schwerlich übersetzen.
[6]*World Coordinate System*

3. Bodengebundene Beobachtungen von RX J0720.4-3125

beobachteten wir den Kugelsternhaufen 47-Tuc auf vier leicht versetzten (10 arcsec) Positionen. Der "Source Extractor" (SE, [8]) wurde verwendet, um alle Sterne im Gesichtsfeld zu erfassen. Der so entstandene Sternenkatalog wurde mit dem 2MASS[7] Katalog [14] verglichen, der die Weltkoordinaten von über zwei Milliarden Sternen enthält. Nachdem die Aufnahmen grob an das WCS System gekoppelt waren, wurde ein Polynom fünften Grades angepasst, um eventuell vorhandene Feldverzerrungen zu korrigieren. Hierfür wurde die Software SCAMP[8] [7] verwendet. SCAMP speichert die Koeffizienten des "Entzerrungs"-Polynoms, sowie die WCS Transformation in einer externen Datei für jedes Bild. Wir extrahierten nur die Polynom-Koeffizienten die wir für den Kugelsternhaufen erhalten haben und benutzten diese um die Aufnahmen von RX J0720 zu 'entzerren'. In ähnlicher Weise, aber direkt ohne den Umweg über den Kugelsternhaufen ermittelten wir ein Entzerrungspolynom für die Aufnahmen von Motch u. a. [59]. Da hier der Detektor nicht zweigeteilt war, waren ausreichend Referenzsterne verfügbar. Als Beispiel ist die Verzerrungskarte der FORS 1 Aufnahme vom Dezember 2000 in Abb. 3.4 gezeigt.

Unter Zuhilfenahme einer weiteren Software von Bertin u. a. [9], SWarp, war es möglich, die von SCAMP produzierten Dateien zu verwenden um die Einzelaufnahmen auszurichten, neu zu skalieren und aufzuaddieren. Basierend auf einem Netz mit einer Gittergröße von 32×32 Pixel, wurde der Hintergrundfluss bestimmt und abgezogen und die beiden Detektorhälften zusammengesteckt. Dies ist in Abb. 3.5 illustriert.

Der Detektionsfehler von 2MASS ist $\lesssim 0.3$ arcsec. Der statistische Fehler des SE ist wesentlich kleiner. SCAMP trifft eine Vorauswahl von ungestört detektierten und deutlich erkennbaren Quellen und behandelt die Unsicherheiten im Sinne einer χ^2-Anpassung. Die letztendlichen Unsicherheiten, bestehend aus Messfehlern und Kalibrierungsfehle‚r ergeben sich aus der Eigenbewegungsanalyse statistisch.

---

[7] *Two Micron All Sky Survey*
[8] Software for Calibrating AstroMetry and Photometry

3.2. Neue Photometrie und Astrometrie für RX J0720

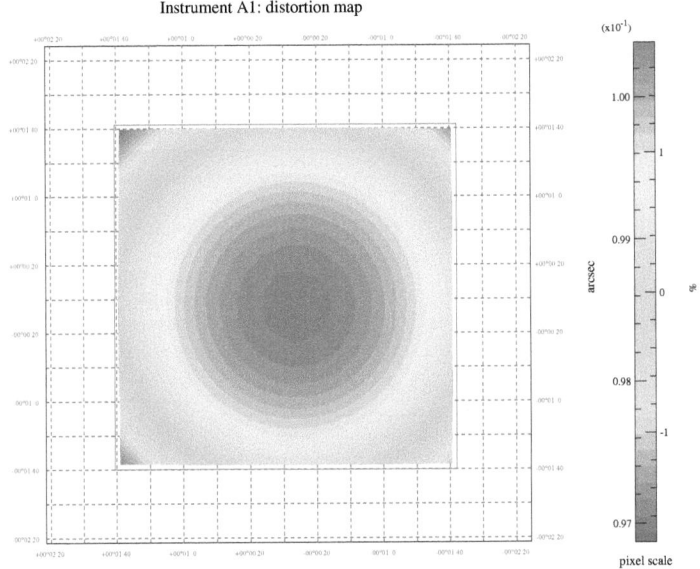

Bild 3.4. Feldverzerrungskarte des FORS 1 Detektors im Dezember 2000. Die Farbkodierung zeigt ein radial-symmetrisches Profil. Die Verzerrungen liegen in einer Größenordnung von $\sim 2\%$. [19]

Photometrie vom 12. Januar 2008

Um die Bilder photometrisch zu kalibrieren, haben wir das Landolt Standardstern Feld SA98 beobachtet [45], allerdings nur in der ersten Nacht. Daher verwendeten wir auch nur die Summe der neun Bilder der ersten Nacht für die Standardstern-Photometrie. Außerdem vermieden wir es diesmal die beiden Chiphälften neu zu skalieren und zusammen zu kleben, um sicher zu gehen, dass der Fluss jedes Pixels erhalten bleibt. Wie Abb. 3.6 zeigt, lagen in der oberen Detektorhälfte nur zwei Standardsterne, SA98 556 und SA98 557, die wir bei den beiden Luftmassen 1.656 und 1.112 beobachteten. Während der Analyse wurden leuchtschwache Objekte in der Nähe der Standardsterne entdeckt. Ein Vergleich der

3. Bodengebundene Beobachtungen von RX J0720.4-3125

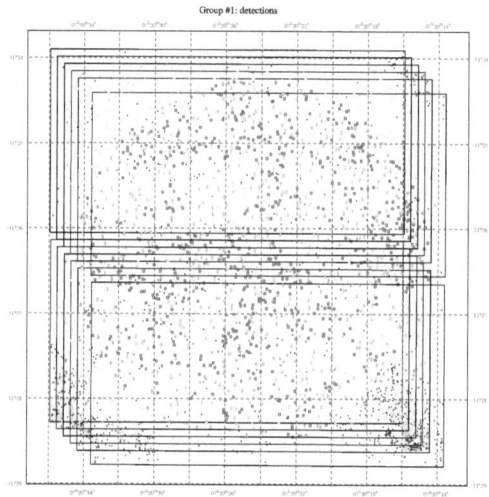

Bild 3.5 Illustration, wie SCAMP die 13 FORS 1 Bilder (zwei Detektorhälften) aufaddiert. Wir haben bei der Aufnahme jedes Bild leicht versetzt um schlechte Pixel auszugleichen. Grüne Symbole stehen für Sterne, die zur Berechnung der astrometrischen Lösung herangezogen wurden. Rote Quadrate sind Detektionen, die nicht benutzt wurden. Die schwarzen Rechtecke verdeutlichen die Form der Detektorhälften und deren relative Position. [19]

Helligkeit der beiden Sterne in unserem Bild mit den entsprechenden Werten aus dem [45] Standardstern Katalog zeigt, dass die beiden Objekte (in Abb. 3.6 mit c1 und c2 markiert) innerhalb der Apertur von Landolt [45] lagen. Also haben auch wir sie entsprechend berücksichtigt. Um die Messungen auszuführen verwendeten wir DAOPHOT [78].

Wir maßen die instrumentelle Magnitude der beiden Standardsterne in jedem Bild und berechneten die Nullpunkts-Korrektur c sowie die ersten Ordnung des atmosphärischen Extinktionskoeffizienten k. Die Beziehung zwischen der scheinbaren und der Instrumentellen Helligkeit eines Sterns ist unter Einbeziehung der Luftmasse Y

$$V = V_{inst.} - c + kY \qquad (3.1)$$

3.2. Neue Photometrie und Astrometrie für RX J0720

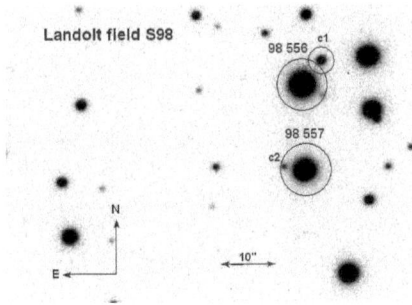

Bild 3.6 VLT/FORS 1 Bild der Landolt Standardsterne SA98 556 und SA98 557. In der Nähe befinden sich zwei leuchtschwache Objekte c1 und c2, die Fluss zu der von Landolt [45] gemessenen Helligkeit beitragen. Obwohl dieser Beitrag sehr gering ist, haben wir ihn entsprechend berücksichtigt. Ausführlichere Erläuterungen im Text und in [19].

Für zwei Luftmassen Y_1 und Y_2 ist dies ein Gleichungssystem mit den Unbekannten c und k und somit lösbar. Unter Berücksichtigung aller Fehlerquellen ergibt sich

$$c = (-21.0832 \pm 0.0017)\,\text{mag} \quad \text{und} \quad k = (0.1562 \pm 0.0058)\,\text{mag}. \qquad (3.2)$$

Da diese Größen basierend auf zwei Sternen ermittelt wurden, enthalten die Unsicherheiten eine Abschätzung des Fehlers, der durch das vernachlässigen des Farbterms (der Einfluss des Spektraltyps des Sterns auf die Photometrie) entsteht.

Die größte Fehlerquelle ist der leuchtschwache Neutronenstern selbst. Um störende Effekte der sehr nahen hellen Sterne (Abb. 3.3) zu vermeiden, muss man eine vergleichsweise kleine Apertur wählen. Aufgrund unserer langen Belichtungszeit sind diese Sterne überbelichtet. Das von ihnen verursachte Streulicht trägt zum Himmelshintergrund bei. Der Neutronenstern selbst ist, wie in Abb. 3.7 dargestellt, nur mit 6σ[9] detektiert.

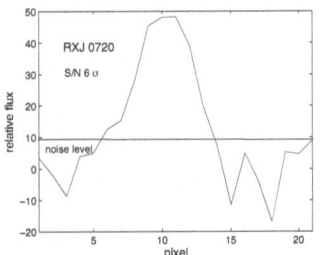

Bild 3.7. Projektion der PSF von RX J0720. Der NS ist mit $\sim 6\sigma$ detektiert [19].

---
[9]σ :Standardabweichung des Hintergrundes

3. Bodengebundene Beobachtungen von RX J0720.4-3125

Damit liegt aber nur die Spitze seiner Punkt-Bild-Funktion (PSF[10]) über dem Rauschen. Wir versuchten verschiedene Aperturen für den NS und schlussfolgerten aus unseren Experimenten und Abb. 3.7, dass eine Apertur von nur sechs Pixeln Radius ausreicht um den gesamten Fluss des NS, der über dem Rauschen liegt, zu erfassen. Weitere Einzelheiten sind im Anhang A.1, S.99 und dort Abb. A.1 zu entnehmen.

Unter Benutzung von c und k und unter Berücksichtigung der unterschiedlichen Luftmassen während der Beobachtung (die mittlere Luftmasse beträgt $Y_{NS} = 1.028 \pm 0.019$) erhalten Eisenbeiss u. a. [19] schließlich die V Magnitude von RX J0720 am 12. Januar 2008:

$$\boxed{V = (26.88 \pm 0.15)\,\text{mag}}. \tag{3.3}$$

Photometrie vom 13. Januar 2008

Vier Bilder wurden in der zweiten Nacht aufgenommen. Diese Nacht war nicht photometrisch, hatte aber bessere Seeing[11] Bedingungen. Wir addierten auch diese vier Bilder wie beschrieben und benutzten den SE um den Hintergrund zu subtrahieren. Im resultierenden Bild identifizierten wir drei Referenzster-

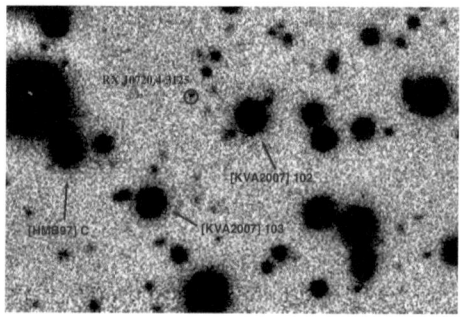

Bild 3.8. Aufaddiertes und Hintergrund-korrigiertes Bild, welches wir für die relative Photometrie benutzt haben. Die Referenzsterne sind benannt und markiert. Motch und Haberl [56] haben die V Magnituden dieser Sterne mit einer Genauigkeit von 0.05 mag gemessen. Der Neutronenstern ist ebenfalls markiert. [19]

---

[10]*Point-Spread-Funktion:* PSF ist die gebräuchliche Abkürzung für die von einem Stern auf einem Detektor verursachte Intensitätsverteilung.

[11]Das *Seeing* ist ein Maß für die Turbulenz der Atmosphäre und damit die Qualität einer Aufnahme.

3.2. Neue Photometrie und Astrometrie für RX J0720

ne nahe RX J0720, die dank Motch und Haberl [56], vgl. Abb. 3.8, sehr genau bekannte V-Band Magnituden besitzen.

Wir benutzten eine Apertur von 15 Pixeln für die Referenzsterne, da diese ein Halbwertsbreite von ≈ 4.5 Pixeln aufwiesen. Im Falle des INS stellte sich heraus, dass dessen PSF sich bereits bei einem Radius von weniger als 5 Pixel im Hintergrundrauschen verliert, weswegen wir eine entsprechende Apertur wählten. Außerdem mussten wir den Ring für die Hintergrundmessung näher am NS definieren, damit keine anderen Sterne die Messung stören.

Die Differenz zwischen instrumenteller und scheinbarer Magnitude der Referenzsterne gibt als Mittelwert wieder den Detektor Nullpunkt. Die Luftmasse ist für alle Objekte im selben Bild gleich und kann vernachlässigt werden. Die V Magnitude von RX J0720 am 13. Januar 2008 wurde somit von Eisenbeiss u. a. [19] gemessen zu:

$$\boxed{V = (26.81 \pm 0.09)\,\text{mag}}, \tag{3.4}$$

was mit der Standardstern-Photometrie konsistent ist. Da der Fehlerbalken etwas kleiner ist, haben wir den zweiten Wert als endgültiges Ergebnis in Eisenbeiss u. a. [19] publiziert.

Die spektrale Energieverteilung von RX J0720

Die visuelle Magnitude von RX J0720 ist konsistent mit einem optischen Exzess von etwa einer Größenordnung. Als Referenz dient der, aus den Röntgendaten extrapolierte, erwartete Fluss. Diese Eigenschaft wurde zuerst von Kulkarni und van Kerkwijk [43] entdeckt und von Kaplan u. a. [42] im Detail studiert. Der Ursprung dieser auffälligen Eigenschaft und ihr eventueller Zusammenhang mit einer Variabilität im Röntgenbereich ist indes unbekannt und wird noch immer diskutiert, siehe [24, 27]. Möglicherweise steht die emittierende Fläche der weichen Röntgenstrahlung nicht direkt mit der Quelle der optischen/UV-Photonen in Zusammenhang [31]. Trümper [84], Turolla u. a. [86], Zane u. a. [101, 100] und Referenzen darin diskutieren alternative Erklärungen des optischen Exzesses. Der Ra-

3. Bodengebundene Beobachtungen von RX J0720.4-3125

dius des Röntgenstrahlen emittierenden Schwarzkörpers ist, normalisiert auf eine Entfernung von 300 pc, ≈ 4.5 km [100].

Zum Vergleich mit anderen optischen/UV Helligkeiten zeigt Abb. 3.9 den Fluss, wie er von einem Schwarzen Körper erwartet wird. Die effektive Temperatur von RX J0720 ändert sich mit einer Zeitskala von Jahren, siehe Hohle u. a. [35], Haberl u. a. [27].

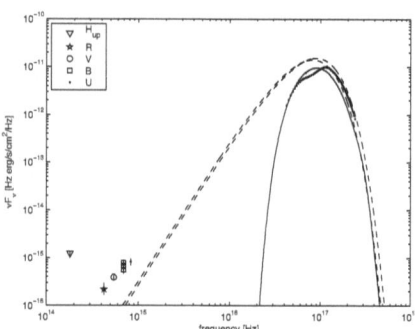

Abb. 3.9 zeigt Spektren, die mit XMM-Newton EPIC-pn mit der niedrigsten (Orbit 0078) und der höchsten (Orbit 0815) Temperatur (86.5 ± 0.4 eV und 94.6 ± 0.5 eV), die bisher aufgenommen wurden [19]. Um diese Werte zu erhalten wurden die Daten mit der Software xspec12 [17] in einem Energiebereich von 0.16 − 1.5 keV durch ein Schwarzkör-

Bild 3.9. Optischer/UV Fluss von R bis UV Helligkeiten (unser V Band Datenpunkt ist als Kreis markiert) und zum Vergleich die mit XMM-Newton EPIC-pn aufgenommenen Röntgenspektren (rechts), aufgenommen im *full frame* Modus mit dünnem Filter. Die beiden Spektren von RX J0720 wurden bei Orbit 0078 (graue Punkte) und 0815 (schwarze Punkte) mit effektiv Temperaturen von 86.5 ± 0.4 eV und 94.6 ± 0.5 eV aufgenommen. Die durchgezogene Linie beschreibt den besten Fit für Revolution 0078 (inklusive interstellarer Extinktion), während die gestrichelte Linie den entsprechenden Fit ohne Absorption darstellt. Das breite Absorptionsmerkmal nahe 300 eV ($\cong 7.25 \times 10^{16}$ Hz) ist im Spektrum von Revolution 0815 deutlich sichtbar (schwarze Punkte). Die optischen Magnituden sind in Tab. 3.3 zusammengefasst. Der Fluss im H-Band ist ein oberes Limit [19].

per Modell mit additiver gaussförmiger Absorptionslinie angepasst (Energie der Absorptionslinie = 301 ± 3 eV, $\sigma = 77 \pm 2$ eV). Zusätzlich wurde eine Absorption durch das interstellare Medium von $N_H = 1.04 \pm 0.02 \times 10^{20}$ cm^{-2} angenommen, siehe Hohle u. a. [35] und Kap. 6.3, S. 82 für Details.

Tabelle 3.3. Optische Beobachtungen von RX J0720. Es sind nur Ergebnisse von bodengebundenen Einrichtungen gezeigt. Die jeweiligen Referenzen sind in der Tabelle gezeigt.

Filter	Mag	Flussdichte $[W/m^2/Hz] \cdot 10^{-34}$	λ_{cent} [Å]	Fluss $[erg\, s^{-1}\, cm^{-2}] \cdot 10^{16}$	Ref.
U	25.68 ± 0.17	$9.75^{+1.65}_{-1.42}$	3600	$8.13^{+1.38}_{-1.18}$	[59]
B	26.58 ± 0.25	$9.64^{+2.46}_{-1.98}$	4300	$6.73^{+1.72}_{-1.38}$	[59]
	26.79 ± 0.20	$7.94^{+1.61}_{-1.33}$	4300	$5.54^{+1.12}_{-0.93}$	[59]
	26.44 ± 0.15	$11.00^{+1.60}_{-1.45}$	4300	$7.67^{+1.12}_{-1.01}$	[59]
	26.787 ± 0.040	$7.96^{+0.30}_{-0.28}$	4300	$5.55^{+0.21}_{-0.20}$	[59]
	26.620 ± 0.050	$9.29^{+0.44}_{-0.42}$	4300	$6.48^{+0.31}_{-0.29}$	[59]
V	26.81 ± 0.09	$6.69^{+0.99}_{-0.86}$	5500	$3.65^{+0.54}_{-0.47}$	[19]
R	26.9 ± 0.3	$5.11^{+1.63}_{-1.23}$	7000	$2.19^{+0.70}_{-0.53}$	[43]
H	>23.07 ± 0.11	$< 7.75^{+0.80}_{-0.72}$	16500	$< 12.29^{+1.32}_{-1.12}$	[71]

Astrometrie

Der beste Kompromiss zwischen der Qualität der Aufnahmen und der größtmöglichen Epochendifferenz ist die Verwendung der FORS1 *B*-Band Aufnahme von Motch u. a. [59] im Dezember 2000 und der *V* Band Aufnahme von Eisenbeiss u. a. [19] vom Januar 2008. Dafür werden die beiden aufaddierten und von Feldverzerrungen befreiten Bilder verwendet, deren Reduktionsprozess oben beschrieben wurde. Da beide Bilder bereits ein absolut kalibriertes Weltkoordinatensystem besitzen, bereitet es keine Schwierigkeiten die Sterne im ersten Bild ihren jeweiligen Gegenstücken im zweiten Bild zuzuordnen und den Positionsunterschied (illustriert in Abb. 3.10), der dann der Eigenbewegung der Sterne in den vergangenen knapp sieben Jahren entspricht, zu berechnen.

Um die Eigenbewegung jedoch so exakt wie möglich zu bestimmen, wird ein Kolmogorov-Smirnov 2-Sample Test auf die Positionsunterschiede der Sterne angewendet. Dieser Test vergleicht die absolute Positionsänderung aller Sterne mit einer simulierten Rayleigh Verteilung (siehe Anhang A.2, S. 100 und dort Abb. A.2). Der Test vergleicht die kumu-

3. Bodengebundene Beobachtungen von RX J0720.4-3125

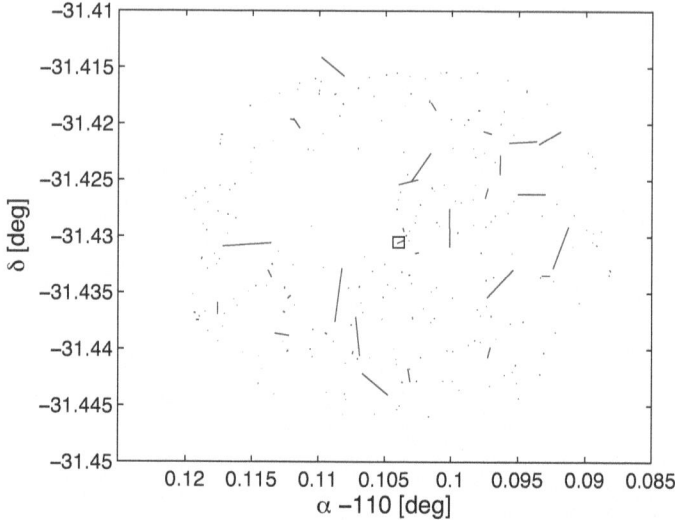

Bild 3.10. Detektierte Objekte in einem Radius von 1' rund um RX J0720. Die Länge der Striche verdeutlicht die Eigenbewegung der Objekte zwischen den beiden Bildern mit MJD 51902 und MJD 54477, skaliert mit einem Faktor von 20. Während RX J0720 sich offensichtlich bewegt, stehen die meisten anderen Objekte still, was die Qualität der Kalibrierung unterstreicht. Die anderen sich scheinbar sehr schnell bewegenden Objekte stellten sich bei visueller Überprüfung als Fehldetektionen, oder falsche Zuweisungen heraus. Dies kann z.B. passieren wenn ein Objekt in einem Bild detektiert ist, im anderen jedoch nicht, dafür aber ein anders Objekt in der Nähe. Solche Effekte ließen sich vermeiden, wenn beide Bilder im selben Filter aufgenommen würden. [19].

lative Verteilungsfunktion des Test-Samples mit den Daten. Schlägt der Test fehl, werden alle Objekte, die außerhalb einer 2σ-Umgebung des Mittelwertes der Verteilung liegen ausgeschlossen. Der Mittelwert und die Standardabweichung der Bewegung der Sterne werden neu berechnet. Die Bewegung aller Objekte wird um diesen Mittelwert verschoben, um letzte systematische Fehler zu reduzieren. Die Prozedur wird wiederholt, bis der

3.2. Neue Photometrie und Astrometrie für RX J0720

Test gelingt. Das Resultat ist eine Liste von Hintergrundsternen, deren absolute Positionsunterschiede einer Rayleigh Verteilung gehorchen. Der Mittelwert der richtungsabhänigen Positionsunterschiede $\Delta\alpha$ und $\Delta\delta$ ist Null, also sind systematische Fehler so klein wie möglich. Die Standardabweichung σ_{Back} der Hintergrundsterne ist der Kalibrierungsfehler. Der Neutronenstern ist jedoch um einiges leuchtschwächer, als der durchschnittliche Hitergrundstern. Daher ist sein reiner Detektionsfehler nicht vernachlässigbar. Für die Berechnung der Eigenbewegung muss dafür ein intrinsischer Fehler $\Delta\mu_{intr}$ berücksichtigt werden, der wiederum aus den Detektionsfehlern in beiden Epochen berechnet wird. Der gesamte Fehler der Eigenbewegung ist damit

$$\Delta\mu_{NS} = \sqrt{(\Delta\mu_{intr})^2 + \sigma_{back}^2}. \qquad (3.5)$$

Wir erhalten somit als Eigenbewegung

$$\begin{aligned}
\mu_\alpha &= (-93.2 \pm 5.4)\,\text{mas/yr} \\
\mu_\delta &= (48.6 \pm 5.1)\,\text{mas/yr} \\
\mu &= (105.1 \pm 7.4)\,\text{mas/yr}. \\
\theta &= (296.951 \pm 0.0063)°
\end{aligned} \qquad (3.6)$$

Diese Eigenbewegung ist konsistent mit anderen, bereits publizierten, Werten [59, 41]. RX J0720 bewegte in der Zeit von Dezember 2000 (MJD = 1902) bis Januar 2008 (MJD = 54477) von

$$\begin{aligned}
&\text{MJD} = 51902 \text{ days}: \\
&7^h 20^m 24.976^s \pm 14.15\,\text{mas} \quad -31^d 25' 50.105'' \pm 12.82\,\text{mas nach} \\
&\text{MJD} = 54477 \text{ days}: \\
&7^h 20^m 24.926^s \pm 19.78\,\text{mas} \quad -31^d 25' 49.776'' \pm 19.30\,\text{mas}.
\end{aligned} \qquad (3.7)$$

3. Bodengebundene Beobachtungen von RX J0720.4-3125

Da die Belichtungszeit in der Aufnahme des Jahres 2000 länger und die Wellenlänge kürzer war, ist diese Positionsmessung genauer. Aufgrund der Aktualität ist die Messung von 2008 jedoch die derzeit präziseste Positionsangabe von RX J0720.5-3125.

Schlussfolgerungen

Unsere neue Eigenbewegung ($\mu = 105.1 \pm 7.4$ mas) bestätigt die Messung von Kaplan u. a. [41] (107.8 ± 1.2 mas), die mit dem HST gemessen wurde. Da Kaplan u. a. [41] die Eigenbewegung gemeinsam mit der Parallaxe gemessen haben, ist durch unsere Bestätigung ein systematischer Fehler der Parallaxenmessung auf Grund einer falschen Eigenbewegung ausgeschlossen.

Unsere V-Band Magnitude ($V = 26.81 \pm 0.09$ mag) ist mit früheren Beobachtungen von Motch u. a. [59] und Kulkarni und van Kerkwijk [43] kompatibel, siehe Tab. 3.3. Diese Daten können durch das Spektrum eines photoionisierten Plasmas angepasst werden, das den Neutronenstern umgibt [31]. Dieses Szenario würde auch die Potenzgesetz-Komponente des optischen Exzesses erklären [42], der durch unsere Daten bestätigt wird [19].

Um nun die Langzeitvariabilität von RX J0720 zu untersuchen, wären korrelierte Röntgen- und visuelle Beobachtungen wünschenswert. Es wäre interessant zu sehen, ob die Variabilität, die sich im Röntgenbereich zeigt, auch im optischen nachweisbar ist. Die beiden von Motch u. a. [59], mit FORS 1, sehr genau gemessenen B-Band Magnituden von 2000 ($B = 26.787 \pm 0.040$ mag) und von 2002/03 ($B = 26.620 \pm 0.050$ mag) geben Anlass zu dieser Vermutung, da sie (Tab. 3.3) auch im 2σ Bereich nur gerade eben miteinander konsistent sind. Auch die Messreihe von Kaplan u. a. [41] gibt Anlass zu solchen Spekulationen. Für einen Beweis sind die Daten jedoch nicht genau genug und der Zusammenhang mit der Röntgenvariabilität bleibt unbewiesen.

4. Die Entfernung von RX J1856.5-3754

Die Entfernung ist eine der fundamentalsten Eigenschaften einer astrophysikalischen Quelle. Die Umwandlung der meisten Beobachtungsgrößen (z.b. Fluss, Winkeldurchmesser, Eigenbewegung) in invariante physikalische Größen (z.b. Leuchtkraft, linearer Durchmesser, Raumgeschwindigkeit) hängt auch von der Entfernung ab. Sie kann auf modellunabhängige Weise mittels der trigonometrischen Parallaxe Π bestimmt werden. Aufgrund der involvierten, extrem kleinen Winkel (wenige Millibogensekunen, mas) ist die geometrische Messung der Entfernung eine der anspruchsvollsten Aufgaben in der gesamten Astrophysik, sinngemäß nach Walter u. a. [94].

Nach dessen Entdeckung in den ROSAT Daten [97] gelang zunächst 1997 Neuhaeuser u. a. [60] die Detektion eines wahrscheinlichen optischen Gegenstücks mit dem ESO-MPI 2.2 m Teleskop auf La Silla in Chile. Wie bereits erwähnt, gelang im gleichen Jahr auch Walter und Matthews [96] die optische Detektion mit dem HST. Mit dem HST gelang es auch die Entfernung des NS zu bestimmen. Worauf dabei zu achten ist, welche Fehler man machen kann im folgenden zunächst anhand von früheren Arbeiten beschrieben werden. In den Kapiteln 4.2 bis 4.4 wird dann auf unseren neuen und hoffentlich richtigen Ansatz zur Entfernungsbestimmung eingegangen.

4.1. Frühere Arbeiten

Da man für eine genaue Messung der Eigenbewegung möglichst große Zeitabstände benötigt und auch für die Messung der Parallaxe etwa ein Jahr lang Daten gesammelt werden müssen, waren die entsprechenden Beobachtungen von der Erde und vom Weltraum aus recht langwierig. Im März 2001 publizierte Neuhäuser [61] die Ergebnisse seiner Analyse dreier VLT/FORS1[1][2] Beobachtungen, die einen Zeitraum von einem Jahr überdeckten. Sowohl die hohe Eigenbewegung von $\sim 1/3$ arcsec als auch eine Magnitude im B-Band konnten, wie aus Tab. 4.1 hervorgeht, erstmals gemessen werden.

[1] VLT: Very Large Telescope (ESO)
[2] FORS: FOcal Reducer and low dispersion Spectrograph

4. Die Entfernung von RX J1856.5-3754

Etwa zur selben Zeit veröffentlichte Walter [93] eine Arbeit über 3 HST-WFPC2 Aufnahmen (Abb. 4.1), von denen die erste bereits 1996 gemacht wurde und zwei weitere im März und im September 1999 hinzu kamen. Er fand eine mit Neuhäuser [61] übereinstimmende und deutlich genauere Eigenbewegung und eine Parallaxe von 16.5 mas (Tab. 4.1) was auf eine Entfernung von 61 pc schließen lässt. Walter [93] verwendete dabei ein Modell in dem ein möglicher Versatz zwischen den Bildern $\Delta X, \Delta Y$, mögliche Eigenbewegung μ_X, μ_Y aller Sterne und eine mögliche Parallaxe aller Objekte π, die Auslenkungen P_X, P_Y verursacht, simultan angepasst wurden. Ist der zeitliche Abstand einer Epoche k zur Epoche 0 gerade Δt_k dann gilt als für die Position eines Sterns X, Y.

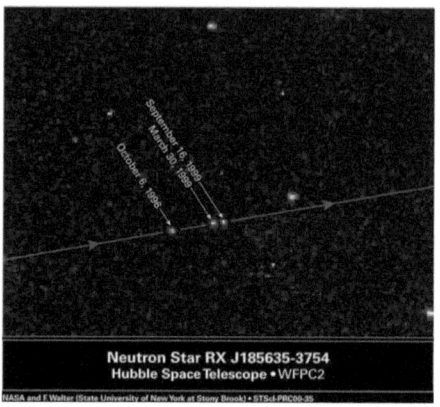

Bild 4.1. Kombiniertes HST WFPC2 Bild von RX J1856, welches die Bewegung des NS illustriert. ©NASA und F.M. Walter (Stony Brook University)

$$\begin{pmatrix} X_k - X_0 \\ Y_k - Y_0 \end{pmatrix} = \begin{pmatrix} \Delta X_k \\ \Delta Y_k \end{pmatrix} + \begin{pmatrix} \mu_X \\ \mu_Y \end{pmatrix} \Delta t_k + \begin{pmatrix} P_X \\ P_Y \end{pmatrix} \Delta t_k. \qquad (4.1)$$

Aufgrund der wenigen Daten (drei Epochen bei drei freien Parametern pro Stern) war diese erste Entfernungsbestimmung jedoch fehlerbehaftet, wie sich später herausstellte.

Diese, etwa um den Faktor zwei, unterschätzte Entfernung veranlasste Paczynski [65] zu der Frage, ob das HST die Masse des NS messen kann, indem es dessen gravitative Verzerrung des Lichts eines Hintergrundsterns misst. Dieser Mikrogravitationslinseneffekt tritt ein, wenn ein massereiches Objekt in Sichtlinie vor einem Hintergrundobjekt herzieht.

4.1. Frühere Arbeiten

Paczynski [65] sagte vorher, dass dies im Juni 2003 mit RX J1856 passieren würde, hatte sich aber aufgrund der inkorrekten Entfernung verrechnet.

Ebenfalls 2001 nahmen van Kerkwijk und Kulkarni [92] ein optisches Spektrum dieses NS mit VLT/FORS1 auf. Während dieser Aufnahmen entstanden auch photometrische Messungen im R-Band, Tab. 4.1. Da das Spektrum starke Hα Emission aufwies machten van Kerkwijk und Kulkarni [91] weitere Aufnahmen mit einem entsprechenden Interferenzfilter. Dabei entstand die in Abb. 4.2 gezeigte spektakuläre Aufnahme eines kometenartigen Bugschocks, den der Neutronenstern vermutlich durch seinen schnellen Flug durch den interstellaren Staub verursacht. Anhand der Geometrie dieses Bugwellennebels ist es möglich, die tatsächliche Raumgeschwindigkeit zu ermitteln, also inklusive der Radialgeschwindigkeit. Dies ist jedoch mit der aktuellen Auflösung von 0.2 arcsec/pixel schwierig [91].

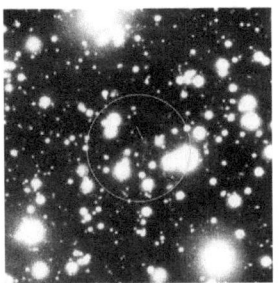

Bild 4.2. Durch seinen schnellen Flug durch den interstellaren Raum schiebt der isolierte NS RX J1856 Gas und Staub vor sich zusammen. Da die aufgrund der geringen Dichte mit Überschallgeschwindigkeit geschieht, entsteht im Hα Emissionslicht eine kometenartige Bugwelle, die die Bewegungsrichtung des INS anzeigt, [91]. ©ESO

Es folgten mehrere Versuche die Strahlungseigenschaften unter zu Hilfenahme neuer Röntgendaten zu verstehen und aus diesem Verständnis den Radius des NS abzuleiten. Eine sehr detaillierte Studie von Pons u. a. [69] ergab einen Radius von $\sim 6\,\mathrm{km}$ (für $d = 61\,\mathrm{pc}$), was sich mit keiner der existierenden Zustandsgleichungen erklären lies.

Diese Unstimmigkeiten veranlassten Walter und Lattimer [95] und Kaplan u. a. [40] dazu die Entfernung von RX J1856 neu zu bestimmen. Unter Benutzung der gleichen Daten wie Walter [93] erhielt Kaplan u. a. [40] zunächst eine Parallaxe von $\sim 7\,\mathrm{mas}$, was einer Entfernung von $\sim 140\,\mathrm{pc}$ entspricht. Doch auch mit dieser Entfernung war der Radius des NS, wenn man den Röntgenschwarzkörper allein betrachtet, noch zu klein, vgl. Drake

4. Die Entfernung von RX J1856.5-3754

u. a. [18]. Walter und Lattimer [95] erhielten unter Benutzung einer vierten Aufnahme mit der WFPC2 Kamera den bis dahin genauesten Wert von 117 ± 12 pc. Unter Einbeziehung der optischen Daten lag der Radius damit im Bereich zwischen 12 und 16 km. Falls der NS in der Upper Scorpius Assoziation geboren wurde (was anhand seiner Eigenbewegung wahrscheinlich ist), dann hat er ein Alter von $\sim 5 \times 10^5$ yr.

Eine alternative Methode, die Entfernung von INS abzuschätzen erwächst aus der, anhand der Röntgenspektren recht genau bestimmbaren, Wasserstoffsäulendichte N_H. Das interstellare Medium besteht im wesentlichen aus Wasserstoff. Weiche Röntgenstrahlung wird durch den Wasserstoff stark absorbiert, weswegen schon bei der Entdeckung der M7 klar war, dass sie sich innerhalb von ~ 1 kpc befinden müssen. Wenn man nun, wie in Abb. 2.3, S. 19 beispielhaft gezeigt, das Spektrum eines INS durch ein Modell anpasst, so ist N_H ein freier Parameter und kann so recht genau bestimmt werden. Die Verteilung des Wasserstoffs in der Galaxis ist jedoch nicht homogen. Für Entfernungen kleiner als 250 pc existieren aber recht genaue Modelle der Verteilung [72]. Daher unternahmen Posselt u. a. [72] den Versuch, die Entfernung der M7 aufgrund der N_H Dichte in der Galaxis zu bestimmen. In ihrem 2007 publizierten Artikel erhalten sie gute Abschätzungen für die meisten M7, mit Ungenauigkeiten von ± 25 pc. Der Wert für RX J1856 ist als Parallaxe in Tab. 4.1 enthalten.

Tabelle 4.1. Optische Eigenschaften von RX J1856. Historische Entwicklung

Photometrie [mag]	Eigenbewegung [mas/yr]	Parallaxe [mas]	Referenz
$25.9(f_{606})$	–	–	1997 [96]
$25.14 \pm 0.41(B)$	326 ± 6.4	< 51	2001 [61]
–	332 ± 1.3	$16.5^{+2.4}_{-2.2}$	2001 [93]
$25.80 \pm 0.11(R)$	–	–	2001 [92]
$26.1(f_{606})$	333 ± 1	7 ± 2	2002 [40]
–	332.3 ± 0.4	8.5 ± 0.9	2002 [95]
–	–	$7.7^{+1.8}_{-0.8}$	2007 [72]
–	332.3	6.0 ± 0.6	2007 [41]
–	–	6.2 ± 0.6	2007 [88]

Zum Abschluss dieses Überblicks seien noch zwei Arbeiten von Kaplan u. a. [41] und van Kerkwijk und Kaplan [88] erwähnt. Der erste Artikel beschreibt die Entfernungsbestimmung eines anderen M7, RX J0720. Bei der zweiten Arbeit handelt es sich um einen

Übersichtsartikel, der in der Buchreihe "Astrophysics and Space Sciences" erschienen ist. Obwohl sich beide Artikel mit anderen Themen befassen, wird auf eine fast beendete Analyse neuer HST Daten von RX J1856 hingewiesen. Die vorläufigen Resultate sind 167^{+19}_{-15} pc [41] und 161^{+18}_{-14} pc [88]. Beide Werte wurden als vorläufige Ergebnisse publiziert. Die angeblich in Vorbereitung befindliche Veröffentlichung (van Kerkwijk & Kaplan 2007 in prep.) wurde bis heute nicht publiziert. Die folgende Analyse basiert auf dem selben Datensatz. Es wird nun der Versuch beschrieben die Entfernung von RX J1856 fehlerfrei und schlüssig herzuleiten.

4.2. Das ideale "Parallaxenmessgerät"

Wie kommt es, dass für ein und das selbe Objekt Entfernungsmessungen zwischen 61 und 167 pc existieren, obwohl alle Entfernungen auf geometrische Weise gemessen wurden? Worin liegt die Schwierigkeit einer solchen Messung und was für Fehler können passieren? Dies soll im Folgenden näher untersucht werden.

Tabelle 4.2. Wichtige Eigenschaften des PC Chips der WFPC2 und der *High Resolution Camera* (HRC), der *Advanced Camara for Surveys* (ACS) [51].

	WFPC2/PC	ACS/HRC
Resolution [$''/pix$]	0.046	0.028×0.025
Field of View [$''$]	34×34	29×26
Read noise [e^-]	5	4.7
Saturation [e^-]	53 000	140 000
lim. Magnitude [mag]	28.25	27.3
Remarks	34th row error	off axis

Zunächst einmal handelt es sich bei RX J1856 um ein vergleichsweise leuchtschwaches Objekt. Bedenkt man des Weiteren die Auflösung, die nötig ist um Effekte kleiner als 10 mas zu messen, so kommt für eine solche Beobachtung nur das HST in Frage[3]. Neben einer guten Auflösung ist eine ausreichende Anzahl an guten Referenzsternen wichtig, damit die spätere Analyse nicht von Systematiken beeinflusst wird. Schließlich benötigt man

---

[3] Der sehr erfolgreiche Hipparcos Satellit der ESO [68], der die Entfernung von 118000 Sternen gemessen hat soll hier nicht unerwähnt bleiben. Mit einem Magnitudenlimit von 12.5 mag eignete er sich jedoch nicht für Neutronensterne.

4. Die Entfernung von RX J1856.5-3754

eine Kamera mit guten astrometrischen Eigenschaften, also einer stabilen Pixelskala und möglichst geringen Feldverzerrungen.

In Tab. 4.2 sind die beiden in Frage kommenden Instrumente und ihre wichtigsten Eigenschaften aufgelistet. Der PC-Chip der WFPC2 wurde bisher zur Entfernungsbestimmung von RX J1856 verwendet [93, 40, 95]. Diese Kamera hat eine kleine Pixelskala $< 0.05''/\text{pix}$ und eine axiale Montierung, was das Bild weitgehend verzerrungsfrei macht. Die hochauflösende Variante der ACS Kamera hat noch einmal eine um einen Faktor zwei bessere Pixelskala, bei vergleichbarer Sensitivität. Allerdings ist diese Kamera abseits der optischen Achse im HST montiert, wodurch immense Feldverzerrungen verursacht werden. Kann man diese Verzerrungen genau bestimmen, lassen sie sich nachträglich korrigieren. Dafür sind jedoch genaueste Kenntnisse der Detekoreigenschaften nötig. Dennoch gelang es Kaplan u. a. [41] die Entfernung von RX J0720 mit dieser Kamera zu bestimmen. Dafür wurden je acht Bilder in acht Epochen, verteilt über einen Zeitraum von zwei Jahren aufgenommen. Im Zuge dieser Arbeit wurde auch die Eigenbewegung von RX J0720 genau bestimmt und die vorläufige Entfernungsbestimmung von RX J1856, vgl. Tab. 4.1, erwähnt. Offensichtlich wurde mit der ACS/HRC Kamera ein ähnlicher Datensatz für RX J1856 aufgenommen. Da die Daten mittlerweile öffentlich zugänglich sind und eine offizielle Publikation der Auswertung noch aussteht beschlos-

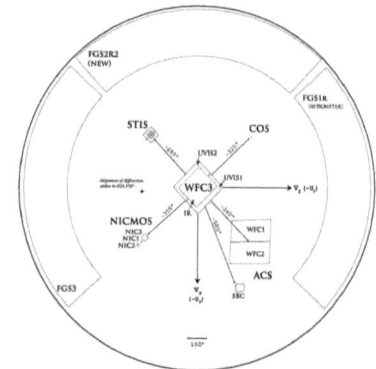

Bild 4.3. Querschnitt der Hubble Weltraum Teleskops (schematisch). Während der letzten Service Mission wurde die WFPC2 durch die neue WFC3 ersetzt. Die ACS ist wie klar zu sehen abseits der optischen Achse montiert [51].

sen wir, uns diese Daten näher anzusehen und selbst zu versuchen die Entfernung dieses Neutronensterns neu zu ermitteln (Kap. 4.4, S. 57).

Wie schon erwähnt ist eine akkurate astrometrische Kalibrierung der ACS Kamera aufgrund der großen Feldverzerrungen schwierig. Glücklicherweise haben zwei Kollegen, Anderson und King [3], sich dieses Problems bereits weitgehend angenommen. Um die Ergebnisse ihrer Arbeit jedoch richtig anwenden zu können, ist es erforderlich ihre Leistungen zu verstehen, weswegen im Folgenden ein inhaltlicher Überblick über ihre Ideen und Anstrengungen gegeben werden soll.

4.3. PSFs und Verzerrungskorrektur für die HRC
Pixel-Phasen Fehler
Um die Position eines Sterns genau zu vermessen, benötigt man eine akkurate PSF (die von Filter zu Filter variieren kann) und genaue Kenntnis der Detektorverzerrungen. In dem Bestreben eines der wichtigsten abbildenden Instrumente des HST, die WFPC2 Kamera, für astrometrische Messungen verwenden zu können, entwickelten Anderson und King [2] zunächst einen neuen Ansatz zur Bestimmung von Punkt-Bild Funktionen. Gerade die WF[4] Detektoren der WFPC2 waren aufgrund des sogenannten *Undersamplings* für astrometrische Messungen fast unbrauchbar. Darunter versteht man die Tatsache, dass die PSF eines Sterns (also einer Punktquelle) auf dem Detektor ebenfalls fast punktförmig wiedergegeben wird. Diese beinahe 1:1 Abbildung eines Sterns macht es fast unmöglich, seine Position genau zu bestimmen. Solche Probleme haben erdgebundene Teleskope nicht, da hier die Atmosphäre die PSF ausreichend verbreitert. Eine zu scharfe Abbildung macht also die genaue Positionsbestimmung unmöglich. Was zunächst paradox klingt, wird bei einem Blick in Abb. 4.4 deutlich. Die PSF wird durch die wenigen Pixel, aus denen sie besteht nicht eindeutig wiedergegeben. Verschieden Modelle können gleich gut angepasst werden, liefern aber unterschiedliche Ergebnisse. Offensichtlich wird die Detektion eines

---
[4] *Wide Field*

4. Die Entfernung von RX J1856.5-3754

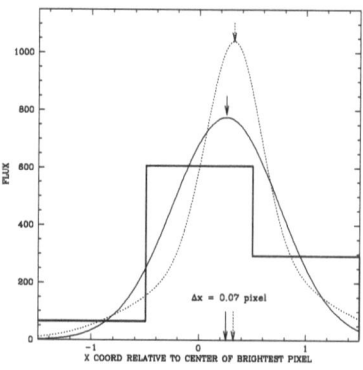

Bild 4.4 Das Histogramm zeigt die Pixelwerte der inneren 3 pixel eines schlecht abgetasteten eindimensionalen Sternenprofils. Die durchgezogene Kurve ist ein reines Gauss Modell der PSF, welches, wenn man es über die Pixel integriert deren Werte exakt anpasst. Die gepunktete Kurve ist eine Überlagerung eines schärferen Gauss, der mit einem schwächeren, breiteren Gauss. Auch diese Kurve passt bei Integration genau zu den Pixelwerten. Die beiden Pfeile zeigen jeweils die Spitze der beiden PSFs, welche um 0.07 Pixel voneinander abweichen [2].

Sterns von dessen Position innerhalb des Pixels beeinflusst. Anderson und King [2] bezeichneten dieses als *Pixel-phase error*, was hier mit Pixelphasenfehler übersetzt werden soll. Unter Zuhilfenahme mehrerer Aufnahmen des Kugelsternhaufens 47-Tuc haben Anderson und King [2] den Pixelphasenfehler analysiert. Meylan u. a. [54] nahmen 15 Bilder des gleichen Feldes mit leicht versetzen Koordinaten auf, so dass es möglich war, für jeden Stern die mittlere Position $(\bar{x}, \bar{y})$ mit den individuellen Positionen zu vergleichen und die Residuen $(x_n - \bar{x}, y_n - \bar{y})$ zu bestimmen. Um den Pixelphasenfehler zu bestimmen kann man jetzt die Residuen bezüglich der relativen Lage der Bilder zueinander vergleichen. Der Pixelphasenfehler ist dann nichts anderes als der gebrochenzahlige Anteil seiner Positionsmessung: $\phi \equiv x - \text{int}(x - 0.5)$. Abb. 4.5 zeigt das Ergebnis einer solchen Untersuchung für die ACS/HRC Kamera. Für die WFPC2 Kamera, für die diese Untersuchung zuerst gemacht wurde fällt der Effekt wesentlich dramatischer aus.

Aufgrund der Unzulänglichkeit (im astrometrischen Sinne) der üblichen Verfahren zur Bestimmung einer akkuraten Punkt-Bild Funktion, entwickelten Anderson und King [2] einen alternativen, empirischen Ansatz zur Bestimmung der PSF, die effektive PSF.

4.3. PSFs und Verzerrungskorrektur für die HRC

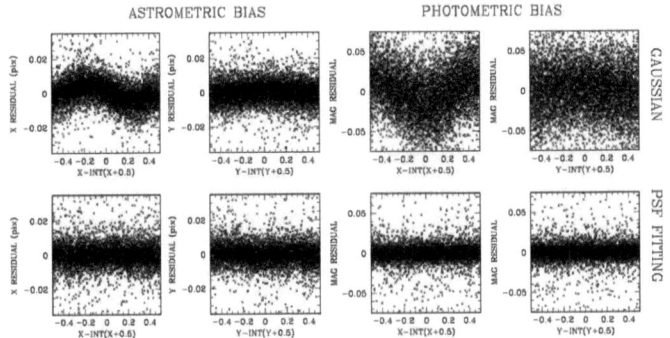

Bild 4.5. Links sind die astrometrischen Residuen gegenüber der Pixel Phase in x und y zu sehen. Oben ist ein gaussförmiges Modell der PSF verwendet, unten die effektive PSF von Anderson und King [3]. Rechts sind die photometrischen Residuen dargestellt.

Die Effektive PSF (ePSF)

Die PSF, die zweidimensionale Lichtverteilung, die ein Instrument produziert, wenn das Eingangssignal eine Punktquelle ist, spielt bei der Bildanalyse eine zentrale Rolle. Intuitiv ist die Natur der PSF offensichtlich. Sie ist das Profil, welches das Instrument aus einer Punktquelle erzeugt. In der Praxis ist das ein wenig subtiler. Die in der Fokalebene erzeugte instrumentelle PSF (iPSF) kann niemals direkt beobachtet werden. Was man indes sehen kann ist ein Array von Pixelwerten, welches aus der iPSF resultiert. Sogar bei unendlichem Signal- zu Rauschverhältnis und idealem Flat-Field wird der selbe Stern unterschiedliche Zahlenarrays produzieren, abhängig davon wohin sein Helligkeitszentrum in Relation zu den Pixelrändern fällt.

Was wir also auf dem Detektor sehen ist das Resultat einer Integration der iPSF über das zweidimensionale Sensitivitätsprofil eines Pixels. Die Sensitivität innerhalb eines Pixels ist darüber hinaus nicht konstant [47].

Die iPSF kann nicht direkt beobachtet werden. Ihre versteckte Natur wird deutlich, wenn man die mathematische Beschreibung der wirklichen Beobachtung betrachtet. Wenn in der

4. Die Entfernung von RX J1856.5-3754

Umgebung von Pixel (i,j), der per Definition auf die Koordinaten $x = i$ und $y = j$ zentriert ist, eine Punktquelle auf Position (x_*, y_*) abgebildet wird, so ist der Fluss, denn der Pixel erhält, gegeben durch

$$P_{ij} = f_* \int_{-\infty}^{\infty} \int_{-\infty}^{\infty} \mathscr{R}(x-i, y-j) \times \Psi_I(x - x_*, y - y_*) \, dx\, dy + s_*, \quad (4.2)$$

wobei f_* die Helligkeit des Sterns und $\mathscr{R}$ das zweidimensionale Sensitivitätsprofil eines Pixels ist. $\Psi_i(\Delta x, \Delta y)$ ist die iPSF, bzw. der Lichtanteil, der an einer Stelle die $(\Delta x, \Delta y)$ vom Zentrum des Sterns (x_*, y_*) entfernt ist, auf den Detektor trifft. Durch verschieben des Nullpunktes und ersetzen der Integrationsvariablen durch $(-x, -y)$ wird Gl. 4.2 zu

$$P_{ij} = f_* \int_{-\infty}^{\infty} \int_{-\infty}^{\infty} \mathscr{R}(-x, -y) \times \Psi_I(\Delta x - x, \Delta y - y) \, dx\, dy + s_*. \quad (4.3)$$

Wir sind also vom Bezugssystem des Detektors ins Bezugssystem der PSF gewechselt und definieren nun

$$\Psi_E(\Delta x, \Delta y) = \int_{-\infty}^{\infty} \int_{-\infty}^{\infty} \mathscr{R}(-x, -y) \Psi_I(\Delta x - x, \Delta y - y) \, dx\, dy \quad (4.4)$$

wobei $\mathscr{R}(x, y) = \mathscr{R}(-x, -y)$. Es ist nun einfach zu sehen, dass

$$P_{ij} = f_* \Psi_E(i - x_*, j - y_*) + s_*. \quad (4.5)$$

Ψ_E wird effektive PSF (ePSF) [2] genannt. und beschreibt direkt die Flussverteilung, die auf dem Chip gemessen wird. Es ist also gar nicht nötig Ψ_I und $\mathscr{R}$ separat zu kennen. Alle benötigten Informationen stecken in Ψ_E.

Die Vorteile der effektiven Herangehensweise sind:

1. Einfachheit: Die ePSF lässt sich einfach an die Daten anpassen, keine Integration ist nötig. Die ePSF wird einfach bei der Position jedes Pixels des Sternenabbilds evaluiert und mit dem Fluss des Sterns skaliert. Der Anpassungsprozess besteht dann

daraus x_*, y_* und f_* zu justieren und die Residuen zu minimieren. Der Prozess ist notwendigerweise iterativ.

2. Es ist leichter eine Lösung für das gesamte Bild zu erhalten. Wenn wir Gl. 4.5 herumdrehen, sehen wir, dass die ePSF durch

$$\Psi_E(\Delta x, \Delta y) = \frac{P_{ij} - s_*}{f_*} \qquad (4.6)$$

bestimmt ist. Wenn wir also x_*, y_* und f_* kennen, so können wir weiter erfahren bei welchem Abstand ($\Delta x = i - x_*$ und $\Delta y = j - y_*$) der Pixel (i, j) die ePSF repräsentiert und wie dieser skaliert ist. Hat man diese Informationen für N Sterne in n verschiedenen Bildern auf verschiedenen Positionen hat man $N \times n$ Repräsentationen der selben PSF wodurch sich diese exakt bestimmen lässt.

3. Der dritte Vorteil ist subtiler und ergibt sich durch die Integration über das aktuelle Pixel-Sensitivitätsprofil. Wie bereits erwähnt ist es nicht nötig die beiden Beiträge Ψ_I und $\mathscr{R}$ zu entwirren. Es ist nicht nötig irgendwelche Annahmen darüber zu machen, wie die Sensitivität innerhalb eines Pixels variiert. Die ePSF repräsentiert einfach und akkurat was immer aus der Kombination des Detektors mit der iPSF resultiert, ohne irgendwelche Annahmen.

Die Kalibrierung der HRC
Bestimmung und Evaluierung der ePSF

Wie schon erwähnt hat der 47 Tuc Kugelsternhaufen in seinem Kern die ideale Sternendichte, um die PSF und die Feldverzerrung der HRC zu erforschen. Nach ihrem Erfolg mit der WFPC2 Kamera [2] unternahmen Anderson und King [3] die gleichen Anstrengungen für die HRC. Es gibt etwa 6000 Sterne im HRC Feld, die in drei Beobachtungsprogrammen (GO-9028, GO-9443 und GO-9019) mit verschiedenen Filtern und verschiedenen Orientierungen beobachtet wurden. Unter Benutzung der effektiven PSF werden die Positionen und die Helligkeit jedes Sterns in einem iterativen Verfahren bestimmt. Damit verbessert

4. Die Entfernung von RX J1856.5-3754

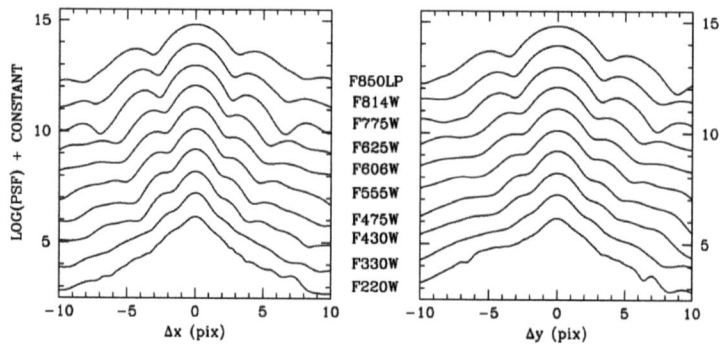

Bild 4.6. Das x- und y-Profile der PSFs für verschiedene Filter [3].

sich in jedem Iterationsschritt auch die ePSF selbst. Abb. 4.6 zeigt die x- und y-Profile der ePSF für verschiedene Filter. Unter Berücksichtigung des Pixelphasenfehlers (Abb. 4.5) ergibt sich eine hervorragende astrometrische und photometrische Genauigkeit für helle Sterne, die sich für leuchtschwache Objekte leicht verschlechtert, siehe Abb. 4.7.

Ein Wort zur Stabilität der PSF:

- **Räumliche Variabilität der PSF**

    Anderson und King [3] haben den HRC Chip in 9 gleichgroße Sektoren eingeteilt und für jeden Sektor die PSF separat bestimmt. Obwohl Unterschiede von bis zu 2% auftraten stellten sie keine systematischen Effekte auf Positionsmessungen fest. Daher scheint es sicher, eine PSF für den gesamten Chip zu verwenden.

- **Zeitliche Variabilität der PSF**

    - *Astrometrie:* Anderson und King [3] testeten die PSF, die anhand eines Beobachtungsblocks bestimmt wurde an anderen Beobachtungsblocks im gleichen Filter. Die PSF konnte mit einem systematischen Fehler von nur 0.0015 pixeln angepasst werden. Dies bedeutet, dass es möglich ist eine PSF, die mit einem

4.3. PSFs und Verzerrungskorrektur für die HRC

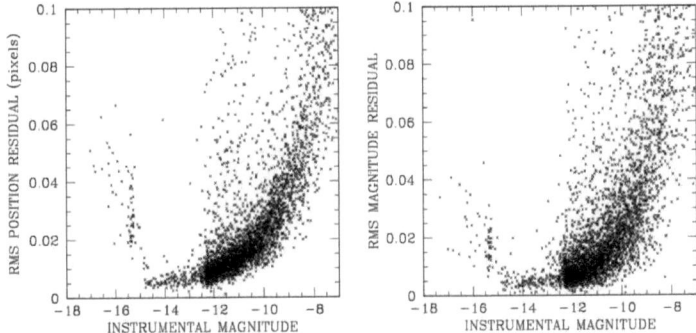

Bild 4.7. Astrometrischer und photometrischer Fehler als Funktion der instrumentellen Magnitude. Alle Sterne kamen in mindestens vier Bildern vor und die Fehler sind die Wurzel des mittleren Quadrats der Residuen. Sterne, die oberhalb des Trends liegen wurden wahrscheinlich durch nahegelegene Objekte gestört. Sterne, heller als -15 mag sind saturiert. Der Positionsfehler bezieht sich auf den 2-D Positionsfehler, $(\sigma_x^2 + \sigma_y^2)^{1/2}$, [3].

Datensatz gemessen wurde für einen anderen Datensatz zu verwenden. Daher erstellten Anderson und King [3] eine PSF Bibliothek, die im Internet zur freien Verfügung steht.

– *Photometrie*: Die Photometrie wird von Variationen des Detektor Nullpunktes und von kleinen Änderungen der Pixelskala negative beeinflusst. Anderson und King [3] führen dies auf das sogenannte *breathing* ("Atmen") des Teleskops zurück. Gemeint sind temperaturbedingte Änderungen der Teleskopgeometrie (Ausdehnung der verschiedenen Komponenten durch Sonneneinstrahlung). Dadurch wird die Fokalebene des Teleskops und damit auch leicht die Pixelskala, die Auflösung, etc. verändert. Daher ist es für exakte Photometrie besser auf Aperturphotometrie, mit ausreichend großer Apertur zurückzugreifen.

- **Die PSF Bibliothek**
Obwohl Auflösung und Skala leicht variieren bleibt die Form der PSF erhalten. Es

ist daher sinnvoll, eine Bibliothek der gewonnenen PSFs für die verschiedenen Filter zu erstellen. Anderson und King [3] erstellten darüber hinaus ein FORTRAN Programm, das die PSF einliest. Dieses Programm wurde verwendet um auf den HRC Bildern Objekte zu detektieren und deren Position, sowie deren Fluss zu messen.

Die Modellierung der Feldverzerrungen

Da die ACS, vgl. Abb. 4.3, so weit von der optischen Achse entfernt platziert wurde, sind die Feldverzerrungen beträchtlich. Der größte Anteil ist dabei ein Versatz[5] von etwa 9°, aber es gibt auch einen großen Anteil nicht-linearer Verzerrungen.

Am einfachsten bestimmt man eine Verzerrungslösung, indem man ein Feld von astrometrischen Standardsternen[6], deren Positionen *a priori* bekannt sind, in einem verzerrungfreien System registriert. Leider gibt es so ein verzerrungsfreies System nicht, zumindest nicht für die HRC. Die einzige Methode dieses Problem zu umgehen ist eine iterative Selbstkalibrierung.

Aufgabe ist also eine beobachtete Position (x,y) in ein verzerrungsfreies System (x',y') zu transformieren:

$$x' = x + \mathscr{X}(x,y), \qquad y' = y + \mathscr{Y}(x,y). \qquad (4.7)$$

Da die absolute Position, Orientierung und Skala dieses verzerrungsfreien Systems frei wählbar sind wird es so gewählt, dass es dem HRC Bild-System möglichst ähnlich ist [3].

Schritt 1: Die Polynom Lösung Der erste Schritt besteht darin, die beste Polynomlösung zu ermitteln. Dies ist ein iterativer Prozess. Mit der GO-9028 Beobachtung lagen Anderson und King [3] 40 Beobachtungen auf 20 verschiedenen Positionen vor. Alle Beobachtungen, die sich gegenseitig räumlich überschneiden werden miteinander verglichen. Die Transformation des zweiten Bildes in das erste wird ermittelt. Die Residuen aller Sternpo-

---

[5]*eng: "skew"*; die Tatsache, dass x- und y-Achse nicht rechtwinklig zueinander sind.
[6]Sterne, die keine erkennbare Eigenbewegung zeigen, bzw. deren Bewegungszustand hinreichend genau bekannt ist.

4.3. PSFs und Verzerrungskorrektur für die HRC

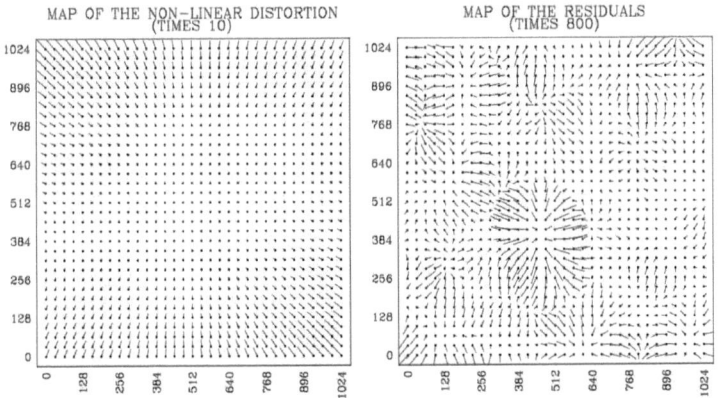

Bild 4.8. Links: Das Vektor Diagramm zeigt die nichtlineare Polynomlösung; Der größte Vektor hat eine Amplitude von fünf Pixeln. Rechts: Das Vektor Diagramm zeigt die Residuen der Polynomlösung. [3].

sitionen $(\delta x, \delta y)$ werden Aufgezeichnet. Da es in jedem Bild etwa 4000 Sterne gab hatten Anderson und King [3] 800 × 4000 Residuen zur Verfügung. Alle störenden Effekte (etwa Detektionsfehler) heben sich im Laufe der Iteration auf, wenn man alle Bildpaare auf diese Weise miteinander vergleicht, so dass $(\delta x, \delta y)$ die Verzerrung repräsentieren.

Ist eine Polynomlösung gefunden, werden die Sternpositionen in allen Bildern entsprechend korrigiert und der Prozess wird wiederholt. Die Iteration endet, wenn sich die Polynomkoeffizienten um weniger als 0.001 Pixel ändern. Das Modell für die Verzerrungen $\mathscr{X}(\tilde{x}, \tilde{y})$ und $\mathscr{Y}(\tilde{x}, \tilde{y})$ ist ein zweidimensionales Polynom 3. Grades mit

$$\mathscr{X}(\tilde{x}, \tilde{y}) = A_x + B_x\tilde{x} + C_x\tilde{y} + D_x\tilde{x}^2 + E_x\tilde{x}\tilde{y} + F_x\tilde{y}^2 + \ldots + O_x\tilde{y}^4 \quad (4.8)$$
$$\mathscr{Y}(\tilde{x}, \tilde{y}) = A_y + B_y\tilde{x} + C_y\tilde{y} + D_y\tilde{x}^2 + E_y\tilde{x}\tilde{y} + F_y\tilde{y}^2 + \ldots + O_y\tilde{y}^4,$$

4. *Die Entfernung von RXJ1856.5-3754*

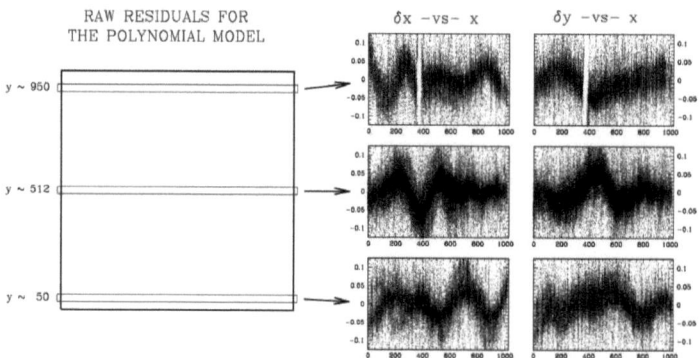

Bild 4.9. Die Residuen $(\delta x, \delta y)$ für das reine Polynom Modell für drei horizontale Schnitte durch das Bild. Die Lage der Schnitte ist wie dargestellt und die Breite ist acht Pixel. Die δx Residuen sind links gezeigt, die δy Residuen rechts. Alle Residuen sind gegen die x-Achse aufgetragen. Die Lücken in den beiden oberen Graphen kommen aufgrund des Bedeckungsfingers zu Stande. [3].

mit den normalisierten Koordinaten $\tilde{x} = (x-512)/512$ und $\tilde{y} = (y-512)/512$.

Meurer u. a. [53] und Anderson [1] stellten fest, dass die beste Polynomlösung immer noch systematische Residuen aufweist. Diese sind in Abb. 4.8 rechts dargestellt. und haben eine Amplitude von typischerweise 0.05 Pixel.

Schritt 2: Die feinskalige Lösung Abb. 4.9 zeigt die Residuen auf andere Weise. In drei horizontalen Schnitten durch das Bild werden die Abweichungen δx und δy als Funktion der x Koordinate gezeigt. Diese feinskaligen Abweichungen sind sogar für verschiedene Filter unterschiedlich. Deren Ursache ist also irgendeine Feinstruktur im Filter selbst.

Um sich dieses Problems anzunehmen erstellten Anderson und King [3] eine einfache Nachschlagetabelle, die dann linear interpoliert werden kann, um an jeder beliebigen Stelle auf dem Detektor den Wert der Korrektur bestimmen. Die Tabelle enthält Korrekturwerte für jeden 16. Pixel im 1024 × 1024 Pixel großen Bild. Diese Korrektur ist feiner, als be-

4.3. PSFs und Verzerrungskorrektur für die HRC

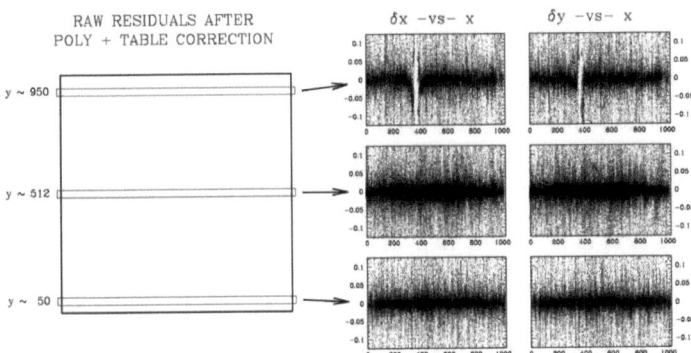

Bild 4.10. Das selbe, wie Abb. 4.9, aber für das Polynom-plus-Tabelle Modell. [3].

nötigt. Eine einfache Bi-lineare Interpolation wird verwendet, um dazwischen liegende Pixelwerte zu berechnen.

Um die Lösung für die Tabelle zu erhalten wird genauso vorgegangen, wie bei der Polynomlösung. Begonnen wird mit der Null-Tabelle. Jede Position wird unter Benutzung des Modells korrigiert. Die Bilder werden paarweise miteinander verglichen und die Residuen bestimmt. Die nötige Korrektur für jeden Eintrag in der Tabelle wird bestimmt und mit einem 5×5 quadratischen Glättungs-Kernel geglättet. Der Prozess wird wiederholt, bis er konvergiert.

Abb. 4.10 zeigt das gleiche wie Abb. 4.9, aber nach Anwendung der Tabellen-Korrektur. Die mittlere quadratische Abweichung ist etwa 0.005 Pixel.

Schritt 3: Die Fixierung der linearen Terme Durch die Fixierung der linearen Terme wird eine Referenzsystem definiert. Anderson und King [3] definierten dieses sinnvollerweise so, dass die Ähnlichkeit mit dem System des Chips möglichst groß ist. Das Verzerrungfreie System ist mit dem Chip System bei Pixel (512, 512) identisch. Die y-Achse hat

4. Die Entfernung von RX J1856.5-3754

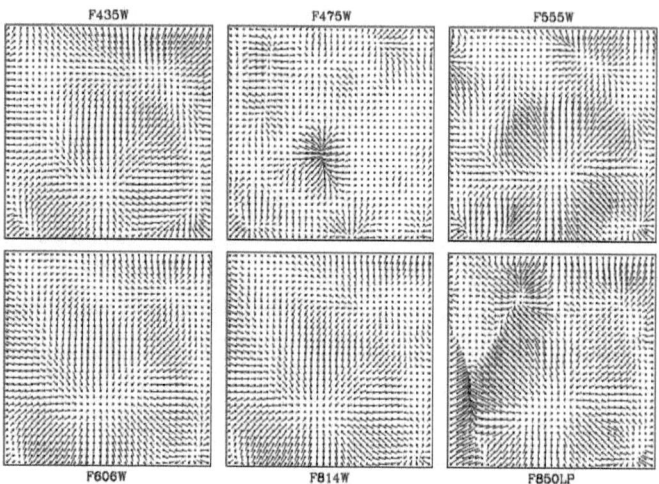

Bild 4.11. Gezeigt sind die mittleren Residuen für die verschiedenen Filter, wenn nur ein Polynom zur Lösung der Verzerrungen herangezogen wird. Typischerweise sind die größten Vektoren etwa 0.15 Pixel lang. [3].

die selbe Orientierung und die selbe Pixelskala, wie auf dem Chip. Damit beinhalten die beiden linearen Terme B_y und C_y die Abweichung des Winkels zw. x- und y-Achse von 90°.

Anwendung auf andere Filter Abb. 4.11 zeigt wie unterschiedlich die Residuen für verschiedene Filter nach Anwendung der Polynomlösung aussehen. Deshalb wurde eine separate Nachschlagetabelle für jeden Filter konstruiert, für den ausreichend 47-Tuc Aufnahmen zur Verfügung standen. Eventuelle Skalenunterschiede und Verschiebungen zwischen den Filtern werden in die Tabelle eingearbeitet, sofern sie vorhanden sind.

Die gesamte Korrektur für jeden Filter besteht also aus einer Polynomkorrektur $\mathscr{X}$ und $\mathscr{Y}$, die für jeden Filter gleich ist und eine filterspezifische Nachschlagetabelle T^{FILT}:

$$x_c = x + \mathscr{X}(x,y) T_x^{\text{FILT}}(x,y) \qquad (4.9)$$
$$y_c = y + \mathscr{Y}(x,y) T_y^{\text{FILT}}(x,y).$$

Die Pixelskala des verzerrungsfreien Referenzrahmens ist **0.02827 arcsec/pixel**.

Anderson und King [3] entwarfen ein FORTRAN Programm um diese Korrekturen automatisch vorzunehmen. Das Porgramm liefert jedoch keinerlei Angaben zur Genauigkeit und Fehlerabschätzung. Laut Anderson und King [3] wird für ausreichend helle Sterne eine Genauigkeit von 0.01 Pixel erreicht.

4.4. Die "wahre" Entfernung von RX J1856.5-3754

Um das Jahr 2005 war man sich eigentlich sicher, die Entfernung von RX J1856 bestimmt zu haben. Es gab zwei unabhängige Parallaxen: 8.5 ± 0.9 mas (117 pc,95) und 7 ± 2 mas (140 pc,40), die zwar nicht genau übereinstimmten, aber innerhalb ihrer Fehlerbalken miteinander konsistent wahren. Hinzu kam $d = 130$ pc als Abschätzung durch Extinktionsmessungen von Posselt u. a. [72]. Dies änderte sich im Jahr 2007 als Kaplan u. a. [41] einen Artikel mit dem Titel: *"The Distance to the Isolated Neutron Star RX J0720.4-3125"* veröffentlichten. Dieser Beitrag beschreibt detailliert die Entfernungsbestimmung des im Titel genannten NS, unter Zuhilfenahme von ACS/HRC Daten. In Kapitel 5 und 6 dieses Artikels wird jedoch auch eine neue Entfernung von RX J1856 erwähnt. Hier heißt es auf Seite 1434 der 660. Ausgabe des *"Astrophysical Journal"*: *"....for RX J1856... our preliminary parallax yields* $167^{+18}_{-15} pc \ldots$" und auf Seite 1436 steht geschrieben: *"For comparison, we also show the location and motion of RX J1856 [using* $(\mu_\alpha, \mu_\delta) = (0.327, -0.059) \, mas \, yr^{-1}$ *and* $\pi = 6.0 \pm 0.6 \, mas$ *(M. H. van Kerkwijk et al. 2007, in preparation)]."*

Obwohl diese neue Parallaxe nur eine Bemerkung war, also nur ein vorläufiges Resultat, wurde dieser neue Wert in den vergangenen Jahren mehrfach verwendet. Der Artikel von van Kerkwijk et al. 2007 (in preparation) wurde bis zur Fertigstellung dieser Dissertation

4. Die Entfernung von RX J1856.5-3754

nicht veröffentlicht. All diese Ungereimtheiten veranlassten uns dazu, uns den inzwischen allen Forschren zugänglichen, fraglichen Datensatz, auf dem diese neue Entfernung beruht, genauer anzusehen.

Die ACS/HRC Daten von RX J1856

RX J1856 wurde bei acht Gelegenheiten über einen Zeitraum von 20 Monaten mit der ACS/HRC beobachtet, siehe Tab. 4.3, beginnend mit September 2002. Die Beobachtungen fanden unter der Programm ID 9364 statt, der PI war D.L. Kaplan.

Bei jeder Beobachtung wurden vier Bilder aufgenommen, wobei jedes Bild gegenüber den anderen um 2.5 Pixel in x- und/oder y-Richtung verschoben ist. Auf diese Weise lassen sich später schlechte Pixel einfacher identifizieren. Jede Integration dauerte 620 Sekunden und wurde mit dem F475W[7] Filter aufgenommen.

Tabelle 4.3. Epochen der HRC Beobachtungen

START (UT)	Start (MJD)
2002-09-01	52518.201
2002-11-01	52579.343
2003-03-02	52700.119
2003-05-15	52774.954
2003-08-24	52875.667
2003-11-01	52944.015
2004-02-20	53055.879
2004-05-24	53149.804

Die Beobachtungen wurden so geplant, dass sie ± 1 Monat um die Extrema der parallaktischen Auslenkung in Rektaszension stattfanden. Anhand der ekliptikalen Breite des NS lässt sich der Positionswinkel der parallaktischen Ellipse zu 83° bestimmen. Das Halbachsenverhältnis der Ellipse ist 5 : 1. Konsequenterweise ist die Parallaxe in Rektaszensionsrichtung besser detektierbar als in Deklination.

Vorbereitung der Bilder

Abb. 4.12 zeigt links eines der aus dem Archiv heruntergeladenen ACS Bilder. Im Original sind die Bilder von heißen Pixeln, sogenannten "Cosmics[8]"getroffen wurde. Die Bilder werden jedoch zusammen mit einer *"Data-Quality-Mask" (DQ)* ausgeliefert, auf der alle beeinträchtigten Pixel markiert sind (so zum Beispiel auch der verdeckende "Finger" oben

---
[7]F475W: $\lambda = 475$ nm, das W steht für Breitband Filter
[8]Das sind Stellen auf dem Bild, die von hochenergetischen Teilchen (etwa Heliumkerne von der Sonne) getroffen wurden. Im Weltall sind diese Störungen leider sehr zahlreich

4.4. Die "wahre" Entfernung von RX J1856.5-3754

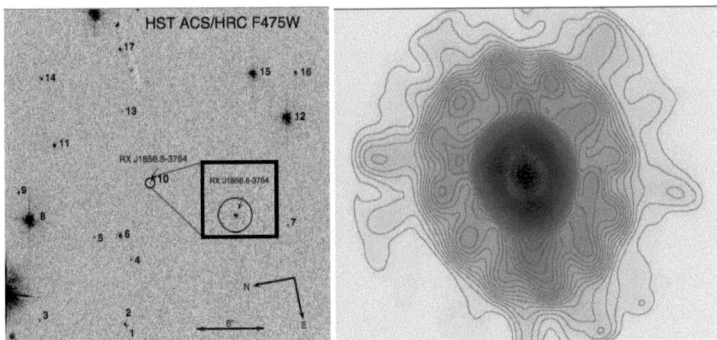

Bild 4.12. *Links:* Kalibriertes HST ACS/HRC Bild von RX J1856 (Kreis und Vergrößerung). Pixelskala und Orientierung sind im Bild angegeben. Die für die Astrometrie benutzten Sterne sind nummeriert (entsprechend Tab. B.4. *Rechts:* Effektive PSF der HST ACS/HRC Kamera mit dem F475W Filter. Das Bild wurde durch Jay Anderson's [3] PSF Bibliothek bereit gestellt. Rote Konturlinien sollen den Detailreichtum der PSF verdeutlichen.

in Abb. 4.12 links). Man ersetzt nun alle Pixel, die im DQ Bild markiert sind, im Originalbild mit dem mittleren Wert der umliegenden Pixel.

Hat man die Bilder bereinigt ist es an der Zeit Anderson's FORTRAN Programm, img2xym.e zu starten. Das Programm erwartet neben einigen Einstellungen zum Helligkeitsbereich, in dem Objekte detektiert werden sollen, die Liste der Bilder und Anderson's Bibliotheks-PSF, die in Abb. 4.12 rechts dargestellt ist. Diese ePSF wird nun an die Pixelskala der Bilder angefaltet und zum erfassen der Objektkoordinaten verwendet. Danach wird die Korrektur von Anderson angewendet [3]. Das Ergebnis ist für jedes Bild eine Tabelle in der die Bildkoordinaten der detektierten Sterne nebst instrumenteller Magnitude in den ersten drei Spalten stehen. Es folgen weitere drei Spalten in denen die korrigierten Koordinaten und die leicht korrigierte Magnitude stehen. Leider werden keine Fehler angegeben.

4. Die Entfernung von RX J1856.5-3754

"Viele Wege führen nach Rom"

Obwohl heute viele Berechnungen von Computern durchgeführt werden sind es doch Menschen, die die Computer programmieren. Und Menschen machen Fehler. Anstatt gemeinsam nach der besten Methode zu suchen, die Entfernung des Neutronensterns zu bestimmen, wählte das Team (der Erstautor Frederick M. Walter, Jim M. Lattimer, B. Kim, Valeri Hambaryan und der Autor dieser Doktorarbeit), das sich für diese Aufgabe zusammenfand einen anderen Weg, siehe Walter u. a. [94]. Jeder begann individuell mit der Arbeit und verfolgte seine eigenen Ansätze und Ideen. Falls alle ein ähnliches Ergebnis erhalten, so kann man schlussfolgern, dass entweder keine entscheidenden Fehler gemacht wurden, oder dass alle den selben Fehler gemacht haben. Da letzteres unwahrscheinlich ist, ist dies eine gute Methode, um die Richtigkeit eines Ergebnisses zu prüfen. In dieser Arbeit wird nun jedoch hautsächlich auf die Herangehensweise des Autors eingegangen. Ein Vergleich mit dem Endergebnis der gesamten Autorengruppe des Artikels folgt am Schluss der Analyse.

Fehlerabschätzung

Wie kann man eine realistische Fehlerabschätzung erreichen ohne die Arbeit von Anderson und King [3] zu wiederholen?

Eine Möglichkeit besteht darin die Berechnungen mit einheitlichen Unsicherheiten (z.B. 0.01 Pixel als Untergrenze) zu starten und während der Datenanpassung auch die Fehler entsprechend der Streuung der Messungen einzelner Sterne innerhalb der Epochen anzupassen. Diese Methode birgt allerdings einige Risiken. Zunächst sind in einer χ^2-Anpassung, wie sie hier verwendet wurde die Fehler direkt ein Maß für das Gewicht, das der Messung eines Sterns in einem Bestimmten Bild beigemessen wird. Hat man j Sterne in i Bildern, so ist χ^2 aller Messungen bezüglich des Referenzbildes r gegeben durch:

$$\chi^2 = \sum_{i \neq r} \sum_j \left(\frac{(x_{rj} - x_{ij})^2}{\sigma_{x,rj}^2 + \sigma_{x,ij}^2} + \frac{(y_{rj} - y_{ij})^2}{\sigma_{y,rj}^2 + \sigma_{y,ij}^2} \right). \tag{4.10}$$

4.4. Die "wahre" Entfernung von RX J1856.5-3754

σ_x und σ_y sind die Unsicherheiten. χ^2 ist die Funktion, die minimiert werden soll. Passt man die Unsicherheiten (σ_x, σ_y) dynamisch an werden diese natürlich kleiner, während die Anpassung immer besser wird. Kleinere σ verursachen aber ein größeres χ^2, so dass wir χ^2 nicht mehr einfach minimieren können, wenn man die Unsicherheiten dynamisch anpasst.

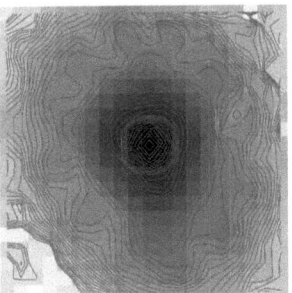

Bild 4.13. Mit dem IDL XStarFinder [16] erstellte PSF für die ACS/HRC Aufnahmen von RX J1856. Offensichtlich handelt es sich um eine niedriger Aufgelöste Version der Anderson PSF, Abb. 4.12 rechts.

Darüber hinaus kann es geschehen, dass sich die Anpassung auf diese Art selbst beeinflusst. Sterne, bei denen die Streuung deutlich reduziert werden konnte, werden im Folgenden stärker gewichtet, so dass die Anpassung sich diesen Sternen zuwendet. Dies führt dazu, dass die Anpassung bei einem bestimmten Stern fast perfekt ist, zu lasten aller anderen Sterne und der Anpassung der Bilder als Ganzes.

Aus diesen Gründen wurde im vorliegenden Fall eine andere Methode angewandt. Unter Benutzung des IDL XStarFinders [16] wurde die Positionsbestimmung auf jedem einzelnen Bild wiederholt. Der XStarFinder bestimmt empirisch die PSF in einem Bild, indem die Bildfunktion aller hellen, nicht saturierten, Sterne im Bild bestimmt, entsprechend der Helligkeit des Sterns gewichtet und gemittelt wird. Die Methode unterscheidet sich nicht sehr von der effektiven PSF Anderson's. Die von Anderson selbst erstellte PSF lies sich hier nicht anwenden, da diese eine wesentlich feinere Pixelskala hat, als das Original, also die Sterne. Diese wieder auf die Pixelskala des Bildes zu skalieren liegt außerhalb der Möglichkeiten des StarFinders. Darum wurde mit dem StarFinder eine neue PSF von 21×21 Pixel generiert. Diese ist in Abb. 4.13 dargestellt und ist eine in der Auflösung auf die Pixelskala der HRC reduzierte Version von Anderson's PSF, Abb. 4.12 rechts. Um die Anzahl der Referenzsterne zu erhöhen wurde eine solche PSF für alle 32 Bilder erstellt und diese dann

4. Die Entfernung von RX J1856.5-3754

nochmals gemittelt. Mit der so erhaltenen PSF kann nun der XStarFinder Die Objekte auf dem Bild detektieren und seinerseits eine Tabelle mit (x,y) Koordinaten und Magnituden erstellen. Obwohl auch der StarFinder gute Ergebnisse erzielt, gilt das Vertrauen weiterhin den korrigierten Koordinaten von Anderson. Allerdings gibt der StarFinder die 1σ Unsicherheit einer Detektion an. Diese liegt für sehr helle Sterne weit unter den 0.01 Pixeln, die Anderson und King [3] als Kalibrierungsfehler angegeben haben. Für leuchtschwache Objekte, wie den Neutronenstern liegen diese Unsicherheiten bei ~ 0.1 Pixeln. Für den folgenden Anpassungsalgorithmus werden die so erhaltenen Fehlerangaben (+ Kalibrierungsfehler) ohne Einschränkung verwendet und während der gesamten Prozedur nicht verändert.

Vorkalibrierung

Um später dem Anpassungsalgorithmus seine Arbeit zu erleichtern, wurden einige weitere Vorbereitungen getroffen. Alle Bilder wurden grob anhand des 2MASS Katalogs mit einem WCS Koordinatensystem versehen. Dies dient dazu die Parallaxe im Pixelraum korrekt in die Einheit mas umzurechnen. Darüber hinaus wurden alle Bilder so gedreht, dass Norden oben ist und somit die y Achse etwa parallel zur Deklinationsachse ist. Der Rotationswinkel steht im Dateikopf (*eng: header*) jedes Bildes unter dem Stichwort ORIENTAT. Ist dies geschehen, so besteht zwischen den einzelnen Bildern noch ein gewisser Versatz. Innerhalb einer Epoche entspricht dieser Versatz genau dem Muster von 2.5 Pixeln, mit dem die Beobachtungen aufgenommen wurden. Um auch die einzelnen Epochen entsprechend "aufeinander zu schieben" wurde eine kleines Programm geschrieben, welches es dem Nutzer ermöglicht, mittels der Pfeiltasten die Sterne eines Bildes auf die Positionen der Sterne im anderen Bild zu schieben. Hat man dies nach Augenmaß getan, übernimmt eine einfache Kreuzkorrelation den Rest. Die Sterne werden ihrem Gegenstück im anderen Bild zugeordnet, der Abstand zwischen Stern und Gegenstück wird berechnet, aus allen Abständen aller Sterne wird der Mittelwert gebildet und das gesamte Bild entsprechend dieses Mittelwertes verschoben. Als Ergebnis sind alle Bilder so gut wie nur durch Drehen und Verschieben

4.4. Die "wahre" Entfernung von RX J1856.5-3754

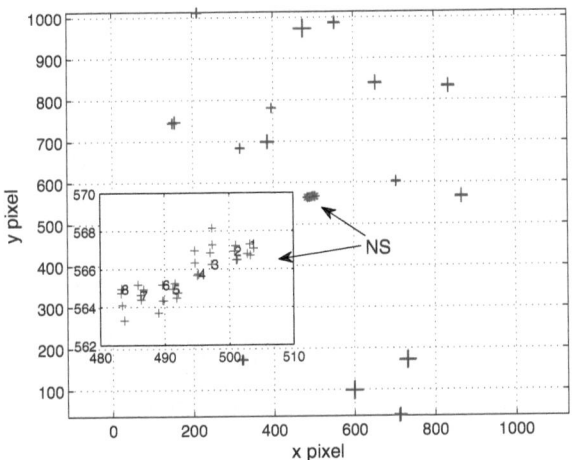

Bild 4.14. Grafische Darstellung der Ausgangssituation für die Bestimmung der Parallaxe von RX J1856 (NS). Dargestellt sind die Positionen der Sterne in allen 32 Bildern nach der Vorbereitung. Alle Sterne scheinen nur geringe Eigenbewegung zu zeigen. Links fällt ein enger visueller Doppelstern auf, der beim Anpassen Probleme bereiten könnte und deshalb weggelassen wird. Der NS selbst ist das schnellste Objekt im Feld. Im kleinen Diagramm sind alle 32 Repräsentationen des NS aufgelöst und die Epochen 1 bis 8 sind markiert.

möglich aufeinander abgestimmt, siehe Abb. 4.14. Darüber hinaus ist jeder Stern seinem Gegenstück in anderen Bildern zweifelsfrei zugeordnet.

Selektionsverfahren für "gute" Detektionen

Es gibt zwei Arten von ungünstigen Sternen, die eine genaue Parallaxenbestimmung sabotieren können. Einerseits kann eine PSF eines Objekts in einem bestimmten Bild durch kosmische Teilchen, die zahlreich auf den Detektor fallen, gestört werden, andererseits kann ein Objekt auch ein unaufgelöster Mehrfachstern, oder eine ausgedehnte Quelle sein. In beiden Fällen führt das Anpassen einer sternartigen PSF zwangsläufig zu Fehlern, also muss man solche Objekte vor oder während der Anpassung ausschließen.

4. Die Entfernung von RX J1856.5-3754

Bild 4.15 Aufgetragen ist der Gesamtfehler der Positionsmessung gegen die Helligkeit aller Sterne in allen 32 Bildern. Offensichtlich lassen sich hellere Sterne mit größerer Genauigkeit detektieren. Die Rot markierten Sterne sind leuchtschwache und damit ungenau detektierte Sterne und Sterne, die in ihrem Gesamtfehler systematisch oberhalb des Trends liegen. Diese werden für die folgenden Berechnungen ausgeschlossen.

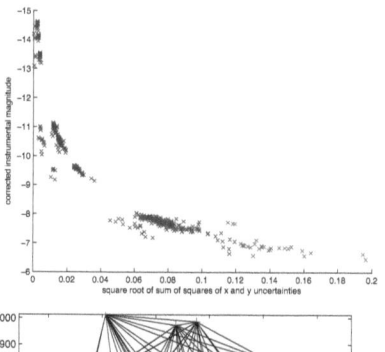

Im zweiten Fall kann dies recht einfach sein. Im Verlauf der Berechnungen werden Objekte, die nicht genau detektiert wurden, durch einen ungewöhnlich großen Positionsfehler auffallen. Auch die Residuen der Positionsbestimmung, auch unter Berücksichtigung von Eigenbewegung und Parallaxe, werden grö-

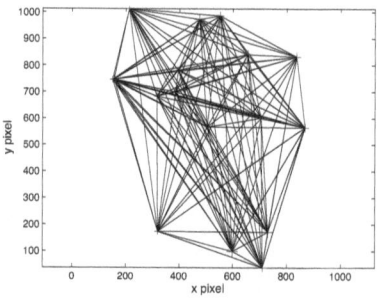

Bild 4.16. Zur Illustration sind hier die Abstände jedes Sterns zu jedem Stern gezeichnet.

ßer sein, als zu erwarten wäre. Es ist daher leicht solche Objekte auszuschließen und damit die Anpassung der anderen Sterne zu verbessern. Eine Möglichkeit solche Sterne bereits im Vorhinein aufgrund ihrer größeren Messfehler zu erkennen, ist in Abb. 4.15 dargestellt.

Der erste Fall ist schwieriger zu behandeln. Die Aufgabe besteht darin eine einzelne schlechte Detektion in einem Bild zu finden. Es ist nicht nötig und auch nicht wünschenswert deswegen den Stern in allen Bildern auszuschließen. Eine Möglichkeit dieses Problem anzugehen zeigt Abb. 4.16. Hier ist die Entfernungsmessung aller Sterne zu allen anderen Sternen dargestellt. Innerhalb einer Epoche, in der vier Bilder kurz nacheinander aufgenommen wurden, sollte sich diese Entfernung nicht ändern. Auf einer so kurzen Zeitskala ist die

4.4. Die "wahre" Entfernung von RX J1856.5-3754

Entfernung von Stern i zu Stern j konstant. Sollte es nun in einem Bild vorkommen, dass die Entfernung von Stern i zu allen anderen Sternen systematisch abweicht, so ist davon auszugehen, dass mit dieser einen Detektion von Stern i etwas nicht stimmt. Bei allen anderen Sternen weicht dann nur diese eine Entfernungsmessung zu Stern i in einem Bild von den anderen Messungen ab. Auf diese Weise lassen sich unsauber detektierte Objekte in einem einzelnen von vier Bildern ausfindig machen und beseitigen. Welche Sterne in welchem Bild schlussendlich verwendet wurden ist in Tab. B.1, S. 106, zusammengefasst.

Das Modell

Nachdem diese Vorbereitungen abgeschlossen sind liegt für jedes Bild eine Liste mit den korrigierten Koordinaten der Sterne, deren Messfehler und instrumentellen Magnitude vor. Im für alle gültigen Referenzsystem hat nun ein Stern in jedem Bild ähnliche Koordinaten. Das Referenzbild, der Einfachheit halber zunächst das erste Bild, enthält alle Sterne, die für die Berechnungen verwendet werden. Nummeriert man die Sterne im Referenzbild von $j = 1 \ldots n$ so steht in jedem Bild der j-te Stern auch in der j-ten Zeile (Nullen wenn der Stern in diesem Bild fehlt).

Es sei nun das Anpassungsmodell in Form einer mathematischen Gleichung gegeben. Ziel der Anpassung ist es ja die Koordinaten (x, y) jedes Sterns in aufeinander abgestimmte Koordinaten $(X_{\text{cor}}, Y_{\text{cor}})$ zu überführen, also

$$\begin{pmatrix} X_{\text{cor,ij}} \\ Y_{\text{cor,ij}} \end{pmatrix} = (1 - \eta_i) \begin{pmatrix} \cos\theta_i & -\sin\theta_i \\ \sin\theta_i & \cos\theta_i \end{pmatrix} \begin{pmatrix} x_{ij} \\ y_{ij} \end{pmatrix} \quad (4.11)$$
$$+ \begin{pmatrix} \Delta x_i \\ \Delta y_i \end{pmatrix} + \Delta t_i \begin{pmatrix} \mu_{x,j} \\ \mu_{y,j} \end{pmatrix} + \Pi \begin{pmatrix} p_{x,j} \\ p_{y,j} \end{pmatrix}$$

Diese Gleichung gilt für jeden Stern j in jedem Bild i. Verwendet man das erste Bild als Referenz hat man $j = 17$ Vergleichssterne in $i = 32$ Bildern. Dabei ist

4. Die Entfernung von RX J1856.5-3754

- η die Pixelskalenvariation. Es wird angenommen, dass nach der Kalibrierung und der Beseitigung der Feldverzerrungen nur noch Temperatureffekte, also die thermische Ausdehnung des gesamten Teleskops aufgrund der Sonnenstrahlung, eine Rolle spielen. Dieser Effekt wirkt sich aber auf x- und y-Richtung gleichermaßen aus, weswegen η ein wenig von Null verschiedener Parameter ist. Tatsächlich stellt sich heraus, dass die maximale Skalenabweichung weit unter 1% liegt.

- θ ist der relative Winkel der Bilder zueinander. Nach der Korrektur der Orientierung des HST sind noch immer Inter-Bild-Drehungen von bis zu $0.5°$ messbar und werden entsprechend korrigiert.

- Δx und Δy sind der Versatz der Bilder untereinander. Auch dieser wurde in der Vorbereitung bereits weitgehend korrigiert, dennoch muss hier im Verlaufe der Anpassungsprozedur natürlich noch nachgebessert werden. Da die Vorkalibrierung ohne Berücksichtigung der Eigenbewegung der Sterne gemacht wurde, gibt es hier die deutlichsten Verbesserungen während des Anpassens.

- μ_x und μ_y sind die Eigenbewegung eines Sterns in die jeweilige Richtung im Pixelraum. Dies ist die erste Größe, die sich auf die Sterne bezieht, nicht auf die Bilder. Jeder Stern hat eine eigene Eigenbewegung, diese ist jedoch für alle Bilder gleich, die entsprechende Korrektur wird lediglich mit dem Zeitaktor Δt multipliziert. In der Praxis ist es am einfachsten die Eigenbewegung als Störung zu behandeln und sie für die Anpassung der Bilder richtig von den Sternenpositionen abzuziehen, so dass die Anpassung in einem eigenbewegungsfreien Referenzrahmen erfolgt. Natürlich müssen die entsprechenden Korrekturen aber auf die Originalkoordinaten der Sterne angewendet werden, da so die Postionen der Sterne im Bild erhalten bleiben.

- Letztlich hat jeder Stern eine (möglicherweise nicht messbare) Parallaxe Π, welche sich in den Bildern in einer epochalen periodischen Schwankung p_x und und p_y niederschlägt. Diese Schwankung lässt sich wiederum am einfachsten als Störung der linearen Eigenbewegung eines jeden Sterns behandeln. Gesucht ist also der Wert für

4.4. Die "wahre" Entfernung von RX J1856.5-3754

Π, in Kombination mit der richtigen Eigenbewegung, der die Residuen der Linearen Eigenbewegung minimiert. Die lineare Eigenbewegung wird dabei durch die Methode der kleinsten Fehlerquadrate, an die Daten angepasst. Da Eigenbewegung und Parallaxe nicht unabhängig voneinander bestimmbar sind, ist dies notwendigerweise ein iterativer Prozess.

Da nicht alle Sterne in allen Bildern vorkommen, sind das insgesamt $n = 1004$ Messungen in x und y für $v = 179$ freie Parameter. Für das Referenzbild $i = r = 1$ gilt:

$$\eta_r = 0 \quad \theta_r = 0° \quad \Delta x_r = \Delta y_r = 0 \quad \Delta t_r = 0.$$

Der Anpassungsalgorithmus im Detail

Um zunächst die Versätze zwischen den Bildern in Δx und Δy zu entfernen, werden Eigenbewegung und Parallaxe für alle Sterne, bis auf den NS, Null gesetzt. Dieser wird für die Anpassung zunächst außen vor gelassen. Dieses vorgehen hat den Vorteil, dass alle übrigen freien Parameter als Skala η, Winkel (θ und $\Delta x, \Delta y$) bildbezogene Größen sind. Jedes Bild wird nun einzeln an das Referenzbild angepasst. Die genannten vier Größen werden alle um einen kleinen Betrag in positive sowie negative Richtung variiert. Inklusive der Ausgangssituation ergibt dies 64 mögliche Kombinationen einer neuen Skala, eines neuen Winkels und eines neuen Versatzes pro Bild gegenüber dem Referenzbild. χ^2 wird nach Gl. 4.10 für alle Kombinationen berechnet. Die Kombination, die das kleinste χ^2 aufweist wird übernommen. In diesem Sinne wird auch die ursprüngliche Situation beibehalten, sollte diese das kleinste χ^2 haben.

Da diese Art der Anpassung ein zufälliger Prozess ist, wird der oben beschriebene Schritt, sobald er für alle Bilder einmal ausgeführt ist, natürlich beliebig oft wiederholt. Das Zufallselement sorgt dafür, dass ein Schritt eine signifikante Verbesserung bringen kann, selbst wenn vorher eine große Anzahl an Schritten keine Verbesserung gebracht hat.

Gab es nach 50 Schritten keine Verbesserung, tritt das Programm in ein neues Unterprogramm ein. Für jeden Stern wird eine Tabelle mit seinen sämtlichen Entsprechungen in

4. Die Entfernung von RX J1856.5-3754

allen Bildern erstellt. Das modifizierte Julianische Datum jeder Entsprechung, also jedes Bildes, wird hinzugefügt. Dann wird, unabhängig in x- und y-Richtung, die Eigenbewegung aller Sterne mit der Methode der kleinsten Fehlerquadrate angepasst. Das Modell ist hierbei eine lineare Bewegung in Zeit und Raum, die Steigung entspricht der Geschwindigkeit, gemessen in Pixel/Tag. Die Residuen dieser Anpassung werden gespeichert.

Ausgehend von $\Pi = 0$ wird, wieder nach Zufallsprinzip, eine neue Parallaxe vorgeschlagen. Diese wird wieder in Form einer Addition einer kleinen Zufallszahl zur ursprünglichen Parallaxe erzeugt. Für diese neue Parallaxe wird die parallaktische Verschiebung der Sternenposition aufgrund dieser Parallaxe ermittelt (siehe Kap. A.3, S. 101, oder z.B. "The Astronomical Almanac of the year 2008" [87]). Die Parallaktische Verschiebung wird im χ^2-Sinne mit den Residuen der Eigenbewegung verglichen. Ist das χ^2 der neuen Parallaxe kleiner als das der ursprünglichen, wird das neue χ^2 akzeptiert und der Vorgang wiederholt. Erst wenn es nach 2000 Iterationen keine Verbesserung gab, wird die Parallaxenbestimmung zunächst unterbrochen.

Nun mag unter Berücksichtigung der Parallaxe auch die Eigenbewegung besser bestimmbar sein. Das Programm tut dies sogleich nach der Ermittlung der Parallaxe. Mit Hilfe der neuen Eigenbewegung wiederum ist die Parallaxe genauer bestimmbar. Also wird die oben beschriebene Parallaxenbestimmung wiederholt. Erst wenn von vornherein keine neue Parallaxe zu einer Verbesserung geführt hat, wird die Eigenbewegung-Parallaxe-Schleife zunächst eingestellt. Die Summe der Residuen der Eigenbewegung, unter Berücksichtigung der Parallaxe wird gespeichert.

Da auch hier eine Zufallsvariable im Spiel ist, wird der Prozess von der ersten Bestimmung der Eigenbewegung an nochmals wiederholt, aber ausgehend von der jetzt schon ermittelten Bewegung und Entfernung des Sterns. Ein Zähler zählt die Anzahl dieser Durchläufe. Sollte sich die Summe der Residuen der Eigenbewegung verkleinert haben, wird der Zähler wieder auf eins gesetzt. Ist der Zähler bei zehn angekommen, wird auch diese Schleife abgebrochen und der nächste Stern in Angriff genommen. Zum Schluss werden die

4.4. Die "wahre" Entfernung von RX J1856.5-3754

Korrekturen der Eigenbewegung und der Parallaxe der Sterne, in jedem Bild in separaten Spalten in den Bildtabellen gespeichert. Jedes Bild hat jetzt also noch immer die Originalkoordinaten der Sterne, zusätzlich jedoch Informationen wo der Stern sich befinden würde, wenn er unbewegt wäre und in unendlicher Entfernung.

Ist dies geschehen, kehrt das Programm wieder zur Anpassung der Bilder zurück. Pixelskala, Orientierung und Versatz werden weiter korrigiert, aber nun wird vor der Bestimmung des χ^2 für die Eigenbewegung und die Parallaxe der Sterne korrigiert, sie werden also subtrahiert. Von nun an wiederholt sich der gesamte Programmablauf. Jedes Mal, wenn nach 50 Durchläufen keine Verbesserung eintritt werden Eigenbewegung und Parallaxe jedes Sterns neu bestimmt. Sollte auch dies keine Verbesserung bringen, so wird der Zähler, der bis 50 zählt weiter gezählt, bis 100 und so fort. Sonst wird er bei jeder Verbesserung wieder auf eins gesetzt. Erst wenn dieser Zähler 5000 erreicht, wird das Programm abgebrochen und das bis dahin beste Ergebnis (das mit dem kleinsten gesamten χ^2) wird gespeichert.

Natürlich gab es viele Vorstufen und Modifikationen zu dem oben beschriebenen Prozedere. Einige Varianten werden im Anhang A.5, S. 103 diskutiert. Die Robustheit des Anpassungsalgorithmus' wurde mit künstlichen NS mit bekannten Parametern getestet. Darauf wird im Anhang A.6, S. 104 näher eingegangen.

Ergebnis

Obwohl es für den Anpassungsalgorithmus vorteilhaft ist alle 32 Bilder (je vier Bilder in acht Epochen) individuell zu behandeln, so ist für die Angabe der Parallaxe die Epoche als ganzes maßgebend. Zur Auswertung der Ergebnisse wird daher zunächst für jede Epoche jedes Sterns der gewichtete Mittelwert gebildet, wobei das inverse Quadrat der mit dem XStarFinder bestimmten Messunsicherheiten als Gewichte verwendet wird. Auf die gleiche Weise wird der mittlere Fehler jeder Epoche k bestimmt. Die so entstandenen acht Datenpunkte je Stern j (einer für jede Epoche) haben jeweils eine Abweichung $\delta x_{j,k}$- und $\delta y_{j,k}$

4. Die Entfernung von RX J1856.5-3754

in jede Richtung von der theoretischen, aus der angepassten Parallaxe berechneten Kurve (Abb. 4.17). Der quadratische Fehler der Parallaxe in jede Richtung für Stern j ist dann

$$(\Delta \Pi_{x_j})^2 = \frac{1}{N} \sum_{k=1}^{8} (\delta x_{j,k})^2 \quad \text{und} \quad (\Delta \Pi_{y_j})^2 = \frac{1}{N} \sum_{k=1}^{8} (\delta y_{j,k})^2. \quad (4.12)$$

Damit ergibt sich der Gesamtfehler der Parallaxe durch gaussche Addition zu

$$\Delta \Pi_j = \sqrt{(\Delta \Pi_{x_j})^2 + (\Delta \Pi_{y_j})^2}. \quad (4.13)$$

Mit diesen Überlegungen ergibt sich für RX J1856 eine trigonometrische Parallaxe von

$$\boxed{\Pi = (8.15 \pm 0.96)\,\text{mas},} \quad (4.14)$$

was einer Entfernung von

$$\boxed{d = 123^{+16}_{-13}\,\text{pc}} \quad (4.15)$$

entspricht. Für die Eigenbewegung erhält man

$$\boxed{\begin{aligned} \mu_\alpha &= (324.26 \pm 0.79)\,\text{mas/yr} \\ \mu_\delta &= (-59.22 \pm 0.75)\,\text{mas/yr} \\ \mu &= (329.62 \pm 0.91)\,\text{mas/yr}. \end{aligned}} \quad (4.16)$$

Das zugehörige $\chi^2_{\text{red}} = \chi^2/(n - \nu - 1) = 1.79$, wobei n die Gesamtzahl der Messungen und ν die Anzahl freier Parameter ist.

Alle Ergebnisse sind in guter Übereinstimmung mit Walter und Lattimer [95] und Kaplan u. a. [40] aber nicht mit van Kerkwijk und Kaplan [88] und Kaplan u. a. [41], wie bereits diskutiert. Letztere Werte wurden jedoch, wie schon verdeutlicht ohne zusätzliche Informationen publiziert, was einen Vergleich der Methoden unmöglich macht. Das Thema wird daher in Kapitel 5 noch einmal aufgegriffen. Der in der Objekttabelle als Stern 6 aufgeführ-

4.4. Die "wahre" Entfernung von RX J1856.5-3754

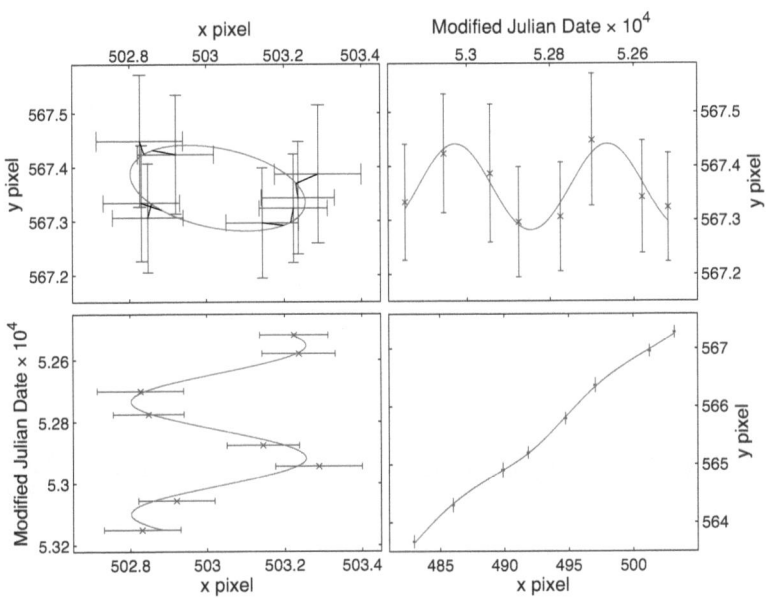

Bild 4.17. Die Parallaxe von RX J1856. Oben links ist die parallaktische Ellipse in x- und y-Richtung dargestellt. Unten rechts ist die Bewegung des Neutronensterns im Referenzkoordinatensystem veranschaulicht. Oben rechts und und unten links ist die Parallaxe in y- bzw. x-Richtung über die Zeit aufgetragen (Eigenbewegung subtrahiert). Aufgrund der Position des Neutronensterns am Himmel ist der Effekt der Parallaxe in x-Richtung 5 mal stärker, als in y-Richtung. Die Achsen aller Graphen sind aufeinander abgestimmt.

te Stern hat eine Parallaxe von $\Pi = 1.29 \pm 0.42$, was einer Entfernung von rund 780 pc entspricht. Dieser Stern wurde versuchsweise für die Datenanpassung ausgelassen ohne das Ergebnis wesentlich zu beeinflussen. Alle relativen astrometrischen Parameter aller Sterne sind im Anhang in Tab. B.4, S. 108 zusammengefasst. WCS Koordinaten sowie die mittlere F475W Magnitude sind in Tab. B.3, S. 107 gegeben.

4. Die Entfernung von RX J1856.5-3754

Zusätzliche ist die Parallaxe und die Qualität der Datenanpassung für RX J1856 in Abb. 4.17 graphisch auf verschiedene Weise dargestellt.

Walter, Eisenbeiss et al. 2010

Die oben beschriebenen Bemühungen zur Entfernungsbestimmung waren Teil einer vergleichenden Analyse, die in Walter u. a. [94] publiziert ist. Ausgangspunkt war für alle das einheitliche, verzerrungsfreie Referenzsystem von Anderson und King [3]. Die Autoren des Artikels sind dann individuell verschiedene Lösungswege gegangen und haben alle eine eigene Parallaxe nebst Fehlerabschätzung für RX J1856 erhalten.

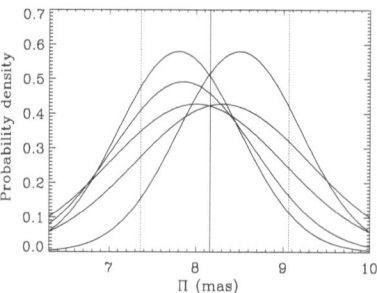

Bild 4.18. Wahrscheinlichkeitsverteilung Parallaxe von RX J1856 für die verschiedenen unabhängigen Modelle. Die Einheiten sind Wahrscheinlichkeitsdichte pro Millibogensekunde. Die vertikale Linie ist der gewichtete Mittelwert, die gepunkteten Linien geben den 1σ Bereich an, [94].

In Abb. 4.18 ist die Wahrscheinlichkeitsverteilung der Parallaxe für die verschiedenen Modelle gezeigt. Erfreulicherweise kommen alle Co-Autoren zu einem ähnlichen Ergebnis, welches im Artikel mit

$$\Pi = 8.16 \pm 0.8 \,\text{mas}$$
$$d = 123^{+11}_{-15}\,\text{pc}$$
(4.17)

angeben wird. Alle Modelle liegen innerhalb von 117 und 128 pc. Die Eigenbewegungen weichen ebenfalls nur geringfügig voneinander ab.

Dank dieser gemeinsamen, vergleichenden Bestimmung der Parallaxe ist das Ergebnis sehr vertrauenswürdig.

5. Die Entfernung von RX J0720.4-3125

Auf die Eigenschaften von RX J0720 wurde im Kap. 3, S. 22 bereits ausführlich eingegangen. Ausgespart wurde jedoch eine ausführliche Beschreibung der Entfernungsbestimmung. Dies soll nun nachgeholt werden. Da die generelle Vorgehensweise die gleiche ist, wie bei RX J1856 (Kapitel 4.4) sollen im folgenden nur die Unterschiede zwischen den beiden Datensätzen erläutert und das Ergebnis präsentiert werden. Der Schwerpunkt dieses Kapitels liegt vielmehr auf dem Vergleich des Ergebnisses und der Methoden mit der Arbeit von Kaplan u. a. [41].

5.1. Entfernungsbestimmung

Der ACS/HRC Datensatz für RX J0720

RX J0720 wurde zwischen Juli 2002 und März 2004 acht mal beobachtet (Tab. 5.1). Jede Beobachtung besteht aus acht Einzelbelichtungen, also 64 Bilder, und damit doppelt so viele, wie bei RX J1856. Alle Aufnahmen wurden mit der ACS/HRC im F475W Filter aufgenommen. Auch hier wurde

Tabelle 5.1. Epochen der HRC Beobachtungen.

START (UT)	Start (MJD)
2002-07-04	52460.0
2002-09-15	52532.6
2003-01-06	52645.1
2003-03-16	52714.0
2003-08-04	52855.1
2003-09-21	52903.0
2004-01-07	53011.9
2004-03-19	53083.1

über zwei Jahre beobachtet, um die Wechselwirkung von Parallaxen- von der Eigenbewegungsbestimmung zu kompensieren. Es wurde vier mal pro Jahr beobachtet, statt nur im Maximum der parallaktischen Ellipse, um den Effekt von nur zwei um $180°$ verschiedenen Orientierungen des HST auszuschließen. Außerdem wurde wieder mit relativen Versätzen von 2.5 Pixeln gearbeitet, um den Effekt des Pixelphasenfehlers zu minimieren.

Datenreduktion und Vorbereitung

Die Datenreduktion erfolgte analog Kapitel 4.3. Abb. 5.1 zeigt das Referenz Bild (verwendete Sterne sind nummeriert).

RX J0720 ist sogar noch leuchtschwächer, als RX J1856, wurde aber mit der vergleichbarer Belichtungszeit aufgenommen. Folglich ist sein Detektionsfehler noch größer (bis zu 0.3

5. Die Entfernung von RX J0720.4-3125

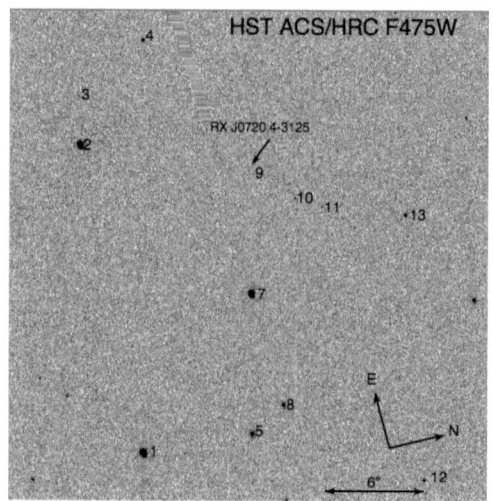

Bild 5.1 ACS/HRC Bild von RX J0720. Orientierung und Pixelskala sind im Bild angegeben. Die Nummerierung der Objekte entspricht Tab. B.5.

Pixel in einigen Aufnahmen). Die Qualität der Aufnahmen ist darüber hinaus sehr schwankend. Daher wurde der Neutronenstern nicht in allen Bildern detektiert.

Unter Benutzung der in Kap. 4.4 beschriebenen Auswahlverfahren verblieben am Ende 13 als geeignet eingestufte Referenzsterne, von denen der Neutronenstern der neunte ist. Diese sind wiederum nicht in allen Bildern sauber detektiert. Welcher Stern in welchem Bild verwendet wurde, ist im Anhang in Tab. B.2 dargestellt. Damit hat das System insgesamt $v = 295$ freie Parameter, zu deren Bestimmung $n = 1344$ Messdaten verwendet wurden.

Modell und Anpassungsalgorithmus

Das Modell sowie der Algorithmus wurden ausführlich in Kap. 4.4 und 4.4 beschrieben. Erwähnenswert, dass das erste Bild der zweiten Epoche als Referenzbild verwendet wurde. Dies geschah einerseits um die Anzahl der Referenzsterne zu maximieren, andererseits um ein Bild mit möglichst guter Qualität als Referenz zu verwenden.

5.1. Entfernungsbestimmung

Aus programmiertechnischen Gründen ist es nicht möglich Sterne zu verwenden, die nicht im Refernzbild vorhanden sind. Um dieses Problem zu beheben müsste man es ermöglichen, dass für Sterne, die nicht im Refernzbild vorhanden sind, ein anderes Bild zum Referenzbild wird. Damit wird die Konsistenz des Anpassungsalgorithmus untergraben. Die Programmierung wird komplizierter und fehleranfälliger. Es wurde sich deshalb bewusst gegen ein solches Vorgehen entschieden.

Ergebnis

Der Anpassungstest endete bei $\chi^2_{\text{red}} = 1.58$. Aufgrund der oben erläuterten Beschränkungen ist der Gesamtfehler der Parallaxe vergleichsweise groß. Es ergibt sich

$$\boxed{\Pi = (3.6 \pm 1.6)\,\text{mas},} \tag{5.1}$$

was einer Entfernung von

$$\boxed{d = 280^{+210}_{-85}\,\text{pc}} \tag{5.2}$$

entspricht. Für die Eigenbewegung erhält man

$$\begin{aligned} \mu_\alpha &= (-92.8 \pm 1.4)\,\text{mas/yr} \\ \mu_\delta &= (55.3 \pm 1.7)\,\text{mas/yr} \\ \mu &= (108.0 \pm 2.1)\,\text{mas/yr}. \end{aligned} \tag{5.3}$$

Wie für RX J1856 ist das Ergebnis graphisch in Abb. 5.2 veranschaulicht. Die Ergebnisse für alle 13 Sterne sind im Anhang in Tab. B.5, S. 109 zusammengefasst. WCS Koordinaten, sowie mittlere F475W Magnituden sind wieder in Tab. B.3, S. 107 zusammengefasst.

Kaplan u. a. [41] stellten fest, dass Epoche 5 signifikant von den anderen Epochen abweicht (siehe dort Tab. 5 und Diskussion). Dies mag damit zusammenhängen, dass diese Epoche ein deutlich schlechteres Signal-zu-Rausch Verhältnis aufweist. Daher wurde der NS in den Einzelbildern von Epoche 5 (siehe Tab. B.2, S. 106) nicht detektiert.

5. Die Entfernung von RX J0720.4-3125

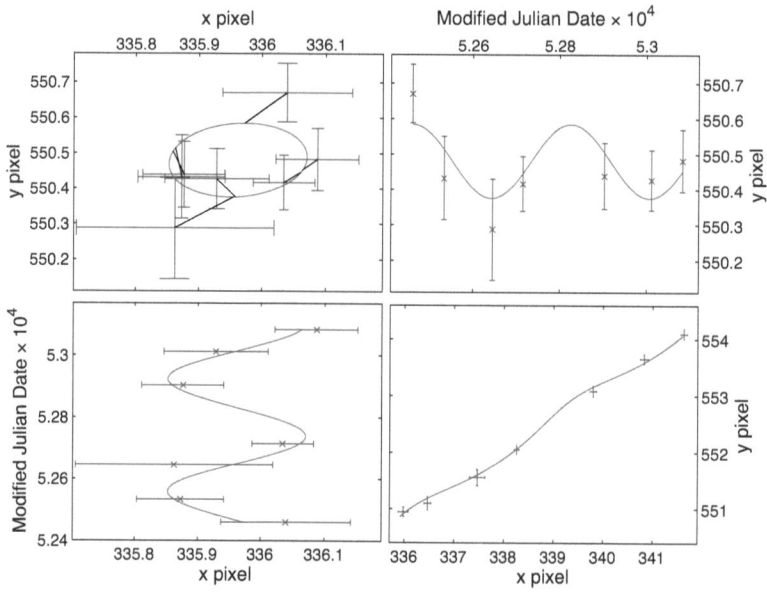

Bild 5.2. Die Parallaxe von RX J0720 in verschiedenen Darstellungen. Ausführliche Erläuterungen siehe Abb. 4.17.

5.2. Vergleich mit Kaplan u.a. (2007)

Die hier verwendeten Daten wurden bereits im Jahre 2007 von Kaplan u. a. [41] ausgewertet und publiziert. Die Autoren erhielten eine Parallaxe von $\Pi_{KvKA} = 2.8 \pm 0.9$ mas und eine Entfernung von $d_{KvKA} = 360^{+170}_{-90}$ pc. Die Eigenbewegung (in mas/yr^{-1}) wurde zu $\mu = 107.8 \pm 1.2$ ($\mu_\alpha = -93.9 \pm 1.2$ und $\mu_\delta = 52.8 \pm 1.3$) bestimmt. Obwohl beide Ergebnisse innerhalb ihrer Fehler miteinander konsistent sind, stellt dies doch eine recht große Abweichung dar. Darüber hinaus ist der formale Fehler von Kaplan u. a. [41] wesentlich kleiner als der in dieser Arbeit ermittelte Wert. Dies ist Anlass genug die Herangehensweisen beider Arbeiten zu vergleichen und Unterschiede und Gemeinsamkeiten herauszuarbeiten:

5.2. Vergleich mit Kaplan u.a. (2007)

1. **Objekt Detektion**: Grundlage der Positionsbestimmung ist in beiden Arbeiten die ePSF von Anderson und King [3]. Da Anderson ein Co-Autor von Kaplan u. a. [41] war, konnte sein Algorithmus den Erfordernissen angepasst werden. Dies ermöglichte es Kaplan u. a. [41] Unsicherheiten der Positionsbestimmung direkt, ohne den Umweg über den XStarFinder, zu messen, was die Qualität der Positionsbestimmung verbessert und womöglich entscheidend für den kleineren Gesamtfehler ist.

2. **Feldverzerrungen**: Auch Kaplan u. a. [41] vertrauen für die Korrektur der Feldverzerrungen auf Anderson und King [3]. In beiden Arbeiten wird also vom gleichen Referenzsystem mit einer Pixelskala von 28.27 mas ausgegangen.

3. **Zwei Schritte**: Im Unterschied zur vorliegenden Arbeit haben Kaplan u. a. [41] die Datenanpassung in zwei Schritte zerlegt. In einem ersten Schritt wird jede Epoche individuell behandelt und die acht Bilder je Epoche aufeinander angepasst. Dieses Modell enthält weder Eigenbewegung noch Parallaxen der Sterne, da diese sich innerhalb einer Epoche nicht ändern. In einem zweiten Schritt wird der gewichtete Mittelwert der acht Epochen mit einem Modell, welches Eigenbewegung und Parallaxe enthält, bearbeitet. Diese Methode sollte genau so gut funktionieren, wie die in dieser Arbeit beschriebene. Sollte jedoch eine Messung eines Sterns in einer Epoche fehlerhaft sein, aber nicht als solche erkannt werden, so geht diese auch in den gewichteten Mittelwert dieser Epoche ein und beeinflusst das Ergebnis stärker, als dies der Fall wäre, wenn jedes Bild einzeln vorliegt.

4. **Sechs Parameter Modell**: Das Modell von Kaplan u. a. [41] hat zwei zusätzliche freie Parameter für die Anpassung der Bilder. Die Anpassung der Pixelskala hat je einen Parameter für x und y und der Winkel zwischen der x- und der y-Achse ist frei. In der vorliegenden Arbeit wird im Unterschied dazu davon ausgegangen, dass Pixelskalenvariationen nur durch das Atmen des Teleskops verursacht werden (und damit symmetrisch in x- und y-Richtung sind und die Orthogonalität, durch die in Anderson und King [3] beschriebene Transformation sichergestellt ist. Walter u. a.

[94] haben diese Annahme getestet. Skalenunterschiede sind demnach $< 6 \times 10^{-5}$ und Winkelabweichungen sind $\pm 0.0055°$. Beides ist kleiner als der Messfehler. Auch Kaplan u. a. [41] haben ein Modell mit vier Parametern getestet, ohne signifikante Unterschiede zu erhalten.

5. **Bestimmung des χ^2**: Bis auf Unterschiede in der Notation verwenden Kaplan u. a. [41] folgende Gleichung zu Berechnung von χ^2

$$\chi^2 = \sum_{i \neq r} \sum_j \left[\left(\frac{x_{rj} - x_{ij}}{\sigma_{x,ij}} \right)^2 + \left(\frac{y_{rj} - y_{ij}}{\sigma_{y,ij}} \right)^2 \right], \quad (5.4)$$

wobei i die Anzahl der Bilder innerhalb einer Epoche bzw. die Anzahl der Epochen ist (Kaplan u. a. [41] verwenden für beide Modelle das selbe χ^2) und j die Anzahl der Sterne ist. Vergleicht man diese Formel mit Gl. 4.10 so stellt man Unterschiede in den Divisoren des x und y Terms fest. Im Gegensatz zu üblichen Modellanpassungen ist in diesem Fall das "Modell" nur eines der Bilder und damit ebenfalls fehlerbehaftet. Die übliche Definition von χ^2 geht von einem "perfekten" Modell aus. Die Anpassung ist bezüglich des Modells recht steif und unflexibel. In Gl. 4.10 wurde die Unvollkommenheit des "Modells" berücksichtigt und damit die Anpassung ein wenig flexibler.

6. **Helle Sterne**: Kaplan u. a. [41] weisen darauf hin, dass helle Sterne aufgrund ihrer kleinen Positionsfehler den Anpassungstest dominieren und somit Fehler in der Detektion dreier heller Sterne fälschlicherweise durch die Anpassung ausgeglichen werden. Dieser Effekt verschärft sich noch, wenn man den Gewichteten Mittelwert der einzelnen Epochen bildet. Auch die Fehler dieser Mittelung werden ja kleiner. Betrachtet man hingegen die Bilder einzeln wird die Gewichtung der hellen Sterne in viel geringerem Maße hervorgehoben. Darüber hinaus beeinflusst eine fehlerhafte Detektion in einem Bild auch nur dieses Bild und nicht die ganze Epoche. Die vorliegende Arbeit ist also weniger anfällig für solche Fehler. Allerdings sei erwähnt, dass Kaplan u. a. [41] mit verschiedenen (nicht mehr auf den Messunsicherheiten basierenden) Gewichtungen experimentierten und keine signifikanten Abweichungen im Ergebnis

5.2. Vergleich mit Kaplan u.a. (2007)

feststellten.

7. **Iteration**: In ihrem zweiten Schritt behandeln Kaplan u. a. [41] die Eigenbewegung und die Parallaxe der Sterne als Korrektur der Anpassung der Bilder. Eine Gesamtkorrektur, bestehend aus Epochenversatz, Epochenorientierung, Eigenbewegung und Parallaxe wird für jeden Stern berechnet und als Korrektur auf die Pixelkoordinaten angewendet. Obwohl sich dieses Vorgehen vom in dieser Arbeit vorgestellten iterativen Ansatz unterscheidet, lässt sich kein Vor- oder Nachteil einer der beiden Methoden gegenüber der anderen feststellen. Wichtig ist, bei der Korrektur der Eigenbewegung und der Parallaxe nicht aus Versehen den Stern selbst im Bild zu verschieben, um so seine tatsächliche Bewegung auszugleichen. Obwohl die Bestimmung des χ^2 notwendigerweise in einem bewegungsfreien und parallaxenfreien System geschieht dürfen Korrekturen nur auf die Originalpositionen der Sterne angewandt werden. Dies wurde jedoch in beiden Arbeiten berücksichtigt.

Fazit: Mit beiden Methoden, sowohl die in dieser Arbeit vorgestellte, als auch der Ansatz von Kaplan u. a. [41], sollte eine akkurate Bestimmung der trigonometrischen Parallaxe, oder allgemein der astrometrischen Eigenschaften gelingen.

Es stellt sich jedoch heraus, dass der Algorithmus sehr sensitiv auf die Auswahl der Refernzsterne und die Bestimmung der Fehler reagiert. Insbesondere können zu kleine Messfehler dafür sorgen, dass die Anpassung zu "steif" ist, was schnell zu falschen Ergebnissen führt. Der Neutronenstern selbst ist das leuchtschwächste Objekt im Feld. Daher beeinflusst er die Anpassung nur minimal. Es ist ausgesprochen wichtig die Messunsicherheiten der helleren Sterne realistisch zu bestimmen. Insofern könnte der Unterschied zwischen Gl 4.10 und Gl. 5.4 maßgebend für die unterschiedlichen Ergebnisse sein.

6. Diskussion, Zusammenfassung und Ausblick

Von diesem Kapitel an wird nicht mehr strickt zwischen den beiden Neutronensternen getrennt. Im Folgenden werden beide NS behandelt.

6.1. Photometrie der HST Daten

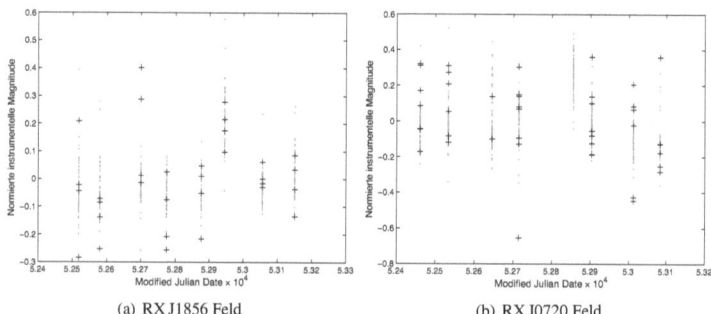

(a) RX J1856 Feld (b) RX J0720 Feld

Bild 6.1. Photometrie der Gesichtsfelder der beiden Neutronensterne. Schwarze Kreuze symbolisieren den Neutronenstern selbst, die grauen Punkte sind die Daten aller anderen Sterne, die für die Untersuchungen verwendet wurden. Zur besseren Vergleichbarkeit wurde von allen instrumentellen Magnituden der Mittelwert über alle Epochen abgezogen. Für RX J1856 ist zu sehen, dass Epoche 6 systematisch abweicht (für den NS und für alle anderen Sterne). Innerhalb der Unsicherheiten sind beide NSe photometrisch konstant.

Obwohl sie nicht im Standard-Filter-System [10] aufgenommen, wurden eigen sich die ACS Daten auch für photometrische Untersuchungen. Schließlich könnte eine genauere Analyse Aufschluss über den optischen Exzess, sowie die Variabilität von RX J0720 geben, die bereits in Kapitel 3 diskutiert wurden. Trägt man die instrumentellen Magnituden über die Zeit auf, ergibt sich, dass RX J0720 innerhalb der Fehler keine Variabilität zeigt. Für RX J1856 weicht die sechste Epoche um durchschnittlich 0.2 mag von den anderen ab. Es stellt sich jedoch heraus, dass dies auch für alle anderen Sterne im Feld gilt womit gezeigt ist, dass es sich hierbei um eine Variabilität des Detektors handelt. Dies ist für beide NS in Abb. 6.1 verdeutlicht. Die mittleren Magnituden, korrigiert um den Detektornullpunkt der ACS/HRC Kamera sind in Tab. B.3 und B.3, S. 107 angegeben.

Sowohl Kaplan u. a. [41] als auch Walter u. a. [94] haben für den jeweiligen NS zusätzliche photometrische Daten, teilweise aus bodengebundenen Beobachtungen, herangezogen, um die photometrische Parallaxe der Hintergrundsterne zu bestimmen. Kennt man den Spektraltyp und die Leuchtkraftklasse eines Sterns so ist (modellabhängig) seine Helligkeit ein direktes Maß für seine Entfernung. Auf diese Art verifizierten beide Autorengruppen, dass die meisten Sterne im Feld tatsächlich Hintergrundsterne sind und ein systematischer Fehler, der durch die Dominanz naher und damit heller Sterne hervorgerufen worden sein könnte kann bis zu einer Genauigkeit von 0.1 mas ausgeschlossen werden.

6.2. Vergleich mit Extinktionsmessungen

Im Jahre 2007 untersuchten Posselt u. a. [72] Absorptionseigenschaften des ISM. Weiche Röntgenstrahlung, wie sie von den M7 ausgesandt wird, wird hauptsächlich von neutralem Wasserstoff absorbiert. Als einer der Hauptbestandteile des ISM gibt es zahlreiche analytische und empirische Ansätze, dessen Verteilung zu bestimmen. Bis zu einer Entfernung von rund 250 pc verwendeten Posselt u. a. [72] empirische Daten, basierend auf Messungen von Lallement u. a. [44]. Für größere Entfernungen verwendeten die Autoren zwei verschiedene Modelle. Hakkila u. a. [30] vereinten verschiedenartige Extinktionsmessungen und Popov u. a. [70] verwendeten ausschließlich analytische Formeln. Die Modelle wurden für Objekte mit bekannten Entfernungen mit zufriedenstellendem Ergebnis getestet [72], siehe auch Kap. 4.1, S. 42.

RX J1856 wurde von Walter u. a. [97] in der nähe der Corona Australis Sternenentstehungsregion gefunden Diese weist im Zentrum eine sehr hohe Wasserstoffsäulendichte $N_H \approx 130 \, \text{cm}^{-2}$ auf, was einer Extinktion von $A_V \approx 45$ entspricht. Die Entfernung

6. Diskussion, Zusammenfassung und Ausblick

der CrA Wolke beträgt ca. 130 pc (siehe Neuhäuser und Forbrich [62]) Aus der Analyse der *XMM-Newton* Spektroskopie erhalten Posselt u. a. [72] für den Neutronenstern $N_H = (0.74 \pm 0.1)\,\mathrm{cm}^{-2}$. Ursprünglich wurde daher angenommen, dass RXJ1856 auf jeden Fall vor der CrA Wolke liegen muss, was ein Argument für unsere neu bestimmte Entfernung und gegen die Entfernung von Kaplan u. a. [41] wäre. Wie jedoch aus Abb. 6.2 ersichtlich ist, liegt der Neutronenstern außerhalb des Zentrums der CrA Wolke. Die Extinktion in diesem Bereich ist bereits wesentlich geringer, als im Zentrum.

Trotzdem erhalten Posselt u. a. [72] aus ihrer Analyse eine Entfernung von $d = 130 \pm 25\,\mathrm{pc}$, konsistent mit unserem Ergebnis [94], nicht aber mit Kaplan u. a. [41].

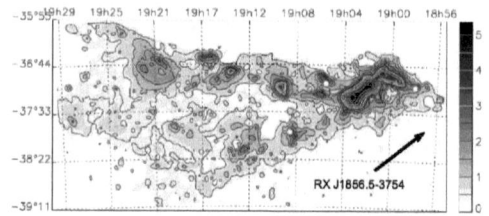

Bild 6.2. Extinktionskarte der Corona Australis Sternentstehungsregion, aus Neuhäuser und Forbrich [62].

Für RXJ0720 ist die Situation ähnlich. Die Entfernung dieses NS liegt jedoch in einem Bereich, in dem die empirischen Extinktionsmessungen immer ungenauer werden. Posselt u. a. [72] geben dennoch eine Entfernung von $d = 250 \pm 25\,pc$. Zum Vergleich sind in Tab. 6.1 alle Werte angegeben.

Tabelle 6.1. Die Entfernung von RXJ0720 und RXJ1856, abgeschätzt durch Messungen der Wasserstoffsäulendichte (links) und ermittelt durch Messung der trigonometrischen Parallaxe, mitte (diese Arbeit) und rechts.

RX	Posselt u. a. [72]	diese Arbeit	Kaplan u. a. [41]
J1856	$130 \pm 25\,\mathrm{pc}$	$123^{+16}_{-13}\,\mathrm{pc}$	$167^{+18}_{-15}\,\mathrm{pc}$
J0720	$250 \pm 25\,\mathrm{pc}$	$280^{+210}_{-85}\,\mathrm{pc}$	$360^{+170}_{-90}\,\mathrm{pc}$

6.3. Bestimmung des Radius

Eine der wichtigsten Eigenschaften der "Glorreichen Sieben" ist ihre thermische Abstrahlung. Zusammen mit der bekannten Entfernung ergibt sich daraus die Möglichkeit den Radius des Neutronensterns zu bestimmen. Obwohl das Modell eines schwarzen Körpers erfreulich einfach zu handhaben ist, ist eine physikalische Erklärung eher schwierig. Von einem realen ("grauen") Strahler würde man Linien (Emission, oder Absorption) oder Banden im Spektrum erwarten.Doch die meisten gängigen Modelle einer Neutronensternoberfläche waren auf die M7 nicht anwendbar.

Im Folgenden ist zu beachten, dass ein NS aufgrund seiner hohen Massendichte das Licht um sich herum beugt. Damit erscheint er im Unendlichen größer. Für die Beziehungen zwischen den wahren Eigenschaften eines NS und den scheinbaren Eigenschaften im Unendlichen (∞) sei daher auf die Gleichungen 1.5, 1.6 und 1.7, S. 9 verwiesen. Zu beachten ist auch, dass dadurch die Gesamtmasse des NSs in die Bestimmung des wahren Radius einfließt. Damit ist der Radius also nicht unabhängig von der Masse bestimmbar. Im Folgenden wird, wie auch in der einschlägigen Literatur, die kanonische Neutronensternmasse $M_{NS} = 1.4 M_\odot$ angenommen.

Der Radius von RX J1856

Zwei-Komponenten Schwarzkörper: Das Röntgenspektrum von RX J1856 ist der zweitbeste bekannte Schwarzkörper im Universum, neben dem Universum selbst. Die Röntgenstrahlung stammt von einem heißen Fleck auf der Oberfläche des NS. Man geht davon aus, dass die optische Strahlung von der gesamten Oberfläche abgestrahlt wird (siehe z.B. Pavlov u. a. [67], Burwitz u. a. [12]). Die sehr kleine Amplitude der Rotationsperiode ($\approx 1\%$,[89]) deutet auf eine sehr spezielle geometrische Ausrichtung von Rotationsachse, Magnetfeldachse und Sichtlinie hin. Modelle mit einer Atmosphäre aus Wasserstoff, oder Helium überschätzen die optische Strahlung um etwa einen Faktor 1000 [13, 67, 85]. Modelle einer kondensierten Eisenhülle sagen Spektrallinien vorher, die nicht nachweisbar sind. Pavlov u. a. [67] schlussfolgerten daher, dass das beste Modell für das Spektrum von RX J1856 ein

6. Diskussion, Zusammenfassung und Ausblick

zwei-komponentiger Schwarzkörper mit zwei Temperaturen, eine für den heißen Fleck und eine für den optischen Schwarzkörper, ist. Dabei ist der Radius des heißen Schwarzkörpers $R^{\infty}_{bb,h} \simeq 4-5\,\text{km}$[1]. Für den optischen Schwarzkörper erhalten sie eine minimale Temperatur von $T^{\infty}_{bb,s} < 0.39 \times 10^6\,\text{K}$ und geben einen Radius von $R^{\infty}_{bb,s} > 16.3\,\text{km}$ für $d = 120\,\text{pc}$ an. Burwitz u. a. [12] erhalten mit ähnlichen Überlegungen $R^{\infty} \approx 17\,\text{km}$ (120 pc). Die Werte für die aktuellen Entfernungen, sowie die "wahren" Radien, sind in Tab. 6.2 angegeben. Für eine Entfernung von $d = 123\,\text{pc}$ ergäbe sich hieraus ein wahrer Radius von $R \approx 14\,\text{km}$. In Abb. Abb. 1.4, S. 7, liegt dies in der Nähe der TI EoS. Bei einer Entfernung von $d = 161\,\text{pc}$ ergibt sich hingegen (Tab. 6.2) $R = 19.4\,\text{km}$, deutlich größer, als die theoretischen Abschätzungen (Abb. 1.4, S. 7).

Kontinuierliche Temperaturverteilung: Im Jahre 2004 verfeinerten Trümper u. a. [85] diese Ergebnisse noch etwas. Da die Rotationsperiode nicht bekannt war, war es schwierig die Stärke des Magnetfeldes abzuschätzen. Aufgrund der Ähnlichkeit, die RX J1856 aber sonst mit z. B. RX J0720 aufweist, ging man auch hier von einem starken Magnetfeld ($> 10^{13}\,\text{G}$) aus. Das linienlose Spektrum schränkte die Wahl der Modelle noch immer stark ein. Trümper u. a. [85] schlugen daher ebenfalls ein Modell bestehend aus heißem und kühlem Schwarzkörper vor, siehe Abb. 6.3 links. Mit $d = 117\,\text{pc}$, $kT^{\infty}_{bb,h} = 63\,\text{eV}$ und $kT^{\infty}_{bb,s} < 33\,\text{eV}$ ermittelten sie den Radius des Neutronensterns zu

$$R^{\infty} = \sqrt{(R^{\infty}_{bb,h})^2 + (R^{\infty}_{bb,s})^2} > 16.5\,\text{km}. \tag{6.1}$$

Alternativ diskutierten Trümper u. a. [85] ein Modell mit einer kontinuierlichen Temperaturverteilung der Form

$$T = T_{\text{heiss}} \times \left[1 + \left(\frac{\theta}{\theta_0}\right)^{\gamma}\right]^{-1}, \tag{6.2}$$

siehe Abb. 6.3, rechts. Die beste Anpassung des Modells wird für $T_{\text{heiss}} = 82\,\text{eV}$, einer Winkelausdehnung des heißen Flecks von $\theta_0 = 40°$ und $\gamma = 2.1$ erreicht. Für $d = 117\,\text{pc}$

---
[1] bb: *black-body*, also Schwarzkörper

6.3. Bestimmung des Radius

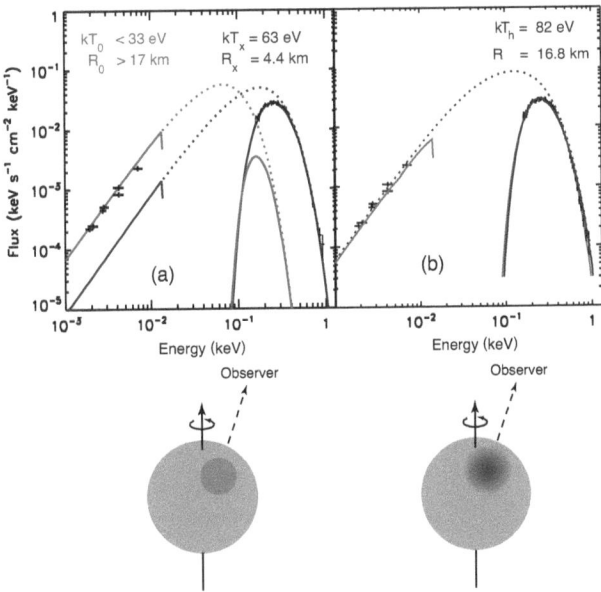

Bild 6.3. Schwarzkörper Anpassung an das optische und das Röntgenspektrum von RX J1856 für ein zwei-komponentiges Modell (a) und eines Modells mit kontinuierlicher Temperaturverteilung (b). Die sichtlinie zum Beobachter ist in den Darstellungen unten als gestrichelter Pfeil eingezeichnet. Die Rotationsachse ist senkrecht. Die Achse des Magnetfeldes wird durch den heißen (blauen) Fleck repräsentiert, siehe Trümper u. a. [85].

ist der Neutronensternradius in diesem Fall 16.8 km. In Tab. 6.2 sind beide Werte wieder für die hier ermittelten und diskutierten Entfernungen angegeben. Für $d = 123$ pc ergibt sich für einen $1.4 M_\odot$ Neutronenstern ein wahrer Radius von etwa 15 km. Da diese Werte unter der Voraussetzung der Schwarzkörper-Strahlung errechnet wurden, handelt es sich um eine untere Grenze.

6. Diskussion, Zusammenfassung und Ausblick

Der Radius von RX J0720

Zwei-Komponenten Schwarzkörper: Motch u. a. [59]: "*...stars are not blackbodies, radiation emitted by a star should deviate from a blackbody model....*" Trotz dieser wichtigen Erkenntnis stellt auch für RX J0720 der Ansatz mit einem heißen und einem kalten Schwarzkörper eine bemerkenswert gute Anpassung an die Beobachtungsdaten dar. Achtet man darauf, dass der kühlere Anteil $kT_{bb,s}^\infty < 43\,\text{eV}$ bleibt, so ergibt sich für $d = 100\,\text{pc}$ $R_{bb,s}^\infty > 6.1\,\text{km}$ [67, 59], was bei $d = 280\,\text{pc}$ und $M = 1.4 M_\odot$ $R = 14.4\,\text{km}$ ergibt. Dieser Wert stimmt recht gut mit dem entsprechenden Modell für RX J1856 überein (Tab. 6.2).

Dünne Wasserstoff Oberfläche: Es wurde bereits erwähnt, dass Neutronensternatmosphären aus leichten Elementen (wie sie z.B. durch Akkretion auf den NS gelangt sein könnten) den Fluss im Optischen stark überschätzen. Motch u. a. [59] diskutierten eine dünne, nicht magnetische Wasserstoffschicht auf der Oberfläche des NS. Eine solche Schicht wäre nicht für alle Wellenlängen optisch dicht. Kurzwellige, energiereiche Strahlung kann ungehindert passieren (Schwarzkörperstrahlung), während langwellige, energiearme Photonen absorbiert und re-emittiert werden. Ein solcher Prozess würde optische Strahlung in Form eines Potenzgesetzes erzeugen. Tatsächlich gibt [59, 42] es Anzeichen dafür, dass sich die optische Strahlung von RX J0720 eher wie ein Potenzgesetz, als wie ein zweiter Schwarzkörper verhält, siehe auch Abb. 3.9, S. 33. Motch u. a. [59] erhielten mit diesem Ansatz $kT_{eff} = 57\,\text{eV}$. Für $d = 280\,\text{pc}$, siehe Tab. 6.2, ergibt sich damit $R = 13.7\,\text{km}$.

Kaplan u. a. [42] verwenden in ihrer Arbeit ebenfalls den Ansatz eines Potenzgesetzes im optischen Bereich. Sie bemerken auch, dass der Grad des Potenzgesetzes $\alpha_v \approx 0.3$ den Röntgenspektren vieler Pulsare entspricht. Es ist damit möglich, dass der selbe Mechanismus zu Grunde liegt und dass das thermische Röntgenspektrum bei den M7 nur deshalb zum Vorschein kommt, weil die Abstrahlung des fraglichen Mechanismus ins optische verschoben ist. Obwohl dieser Ansatz eine mögliche Erklärung für viele Besonderheiten der M7 liefern könnte handelt es sich lediglich um Spekulationen. Für $d = 300\,\text{pc}$ hat die kühle

6.3. Bestimmung des Radius

Tabelle 6.2. Der Radius der beiden NSe RX J0720 und RX J1856 bei zwei verschiedenen Entfernungen und nach verschiedenen Modellen. R^∞ ist jeweils der scheinbare Radius, R ist der physikalische Radius bei $M = 1.4 M_\odot$ und der entsprechenden Entfernung.

RX	R^∞ [km]	$R(1.4M_\odot)$ [km]	R^∞ [km]	$R(1.4M_\odot)$ [km]	Ref.
	$d = 280$ pc		$d = 360$ pc		
J0720	17.1	14.4	22.0	19.3	[67]
	16.4	13.7	20.9	18.4	[59]
	16.7	14	20.5	18	[42]
	$d = 123$ pc		$d = 161$ pc		
J1856	16.7	14.0	21.9	19.4	[67]
	17.3...17.6	14.6...15.0	22.7...23.0	20.3...20.6	[85]
	14.9	12.1	19.5	17.0	[34]

Komponente (der gesamte NS) einen Radius von $R = 15\,km$, was bei $d = 280$ pc $R = 14\,km$ bedeutet.

Ein selbst-konsistentes Modell

Obwohl der Schwarze Körper die Ausstrahlungscharakteristik der M7 recht gut beschreibt kann dies allenfalls eine gute Näherung sein. Außer RX J1856 zeigen alle untersuchten M7 Abweichungen in Form von Absorptionslinien. Darüber hinaus sind die so ermittelten Radien recht groß. Wie aus Abb. 6.4 zu erkennen ist, würde ein Neutronenstern mit $R^\infty = 18\,km$ (die ganz rechte rote Linie in Abb. 6.4) die meisten der bekannten EoS ausschließen (insbesondere solche mit Quark-Materie, oder sonderbarer Materie). Nur sehr steife EoS kämen in Frage.

Trümper u. a. [85] und Motch u. a. [59] und Kaplan u. a. [42] haben bereits kontinuierliche bzw. realistischere Modelle getestet. Da sich die M7 aber alle recht ähnlich sind, wäre ein Modell, für die Beschreibung aller Spektren hilfreich. Unterschiede im Spektrum wären dann auf individuelle Besonderheiten zurückzuführen. Die besonders kleine Amplitude der

6. Diskussion, Zusammenfassung und Ausblick

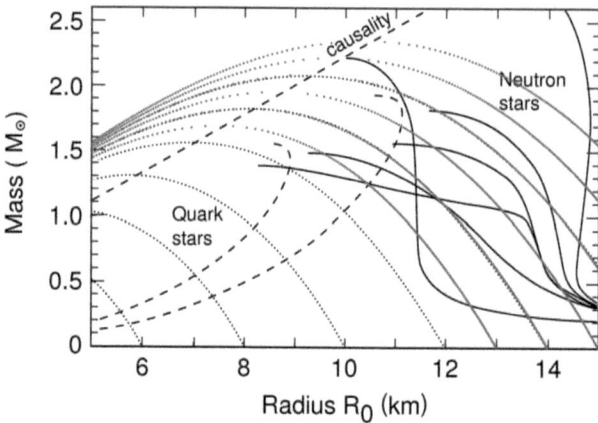

Bild 6.4. Masse Radius Diagramm von Neutronensternen (siehe Trümper u. a. [85]). In schwarzen durchgezogenen Linien sind die gängigen EoS eingezeichnet. Die gestichelten Linien (oben Kausalitätsgrenze) zeigen zwei EoS für Quark Sterne. die gepunkteten Linien verlaufen entlang eines konstanten scheinbaren Radius ($R^\infty = R$ für $M = 0$). Die Roten Linien beginnen bei $R^\infty = 13$ km und gehen bis $R^\infty = 18$ km und zeigen den von den im Text diskutieren Modellen vorhergesagten Bereich für die M7. Ab $R^\infty > 16$ km sind Quark Sterne weitgehend ausgeschlossen, ab $R^\infty > 17$ km kommen nur noch sehr steife EoS in Frage, wie sie möglicherweise für NS mit großem Magnetfeld relevant sind.

Pulse von RX J1856 wäre dann einer unglücklichen Orientierung der Rotationsachse und der Magnetfeldachse bzgl. der Sichtlinie geschuldet.

Den Versuch, ein solches Modell zu entwerfen, unternahmen Ho u. a. [34].

Teilweise ionisierte Atmosphären: Über Wasserstoffatmosphärenmodelle für Neutronensterne wurden bereits ausführliche Untersuchungen angefertigt [67, 69, 12]. Neutrale Wasserstoffmodelle überschätzen den optischen Fluss um einen Faktor 100. Für Magnetfelder von $B = 10^{12}$ G beträgt die Bindungsenergie von Wasserstoff $E_{H_2} = 160$ eV. Temperaturen, die mit Schwarzkörpermodellen errechnet wurden bewegen sich im Bereich $kT^\infty \approx 40$-

6.3. Bestimmung des Radius

110 eV. Das atmosphärische Plasma könnte daher teilweise ionisiert (und damit teilweise magnetisch) sein.

Dünne Atmosphären: Ähnlich wie Motch u. a. [59] verwenden auch Ho u. a. [34] eine geometrisch dünne Atmosphäre, die für hohe Photonenergien optisch durchlässig ist.

Kondensiertes Eisen: Entgegen der Annahme, dass die tiefste Schicht der dünnen Atmosphäre wie ein schwarzer Körper strahle, konstruierten Ho u. a. [34] realistischere Modelle, in denen diese Schicht schrittweise von einer gasförmigen Atmosphäre in eine kondensierte Oberfläche überführt wird. Eine aus Eisen bestehende Oberfläche ist ein wahrscheinliches Endprodukt der NS Entstehung. Ho u. a. [34] können zeigen, dass die Abstrahlung dieser Eisenoberfläche unter bestimmten Vorraussetzungen nicht von Schwarzkörperstrahung zu unterscheiden ist.

Innerhalb der Unsicherheiten lässt sich dieses Modell an das beobachtete Spektrum von RX J1856 anpassen. Unter der Annahme $d = 140\,pc$ erhalten Ho u. a. [34] $R^\infty = 17\,km$ und $R = 14\,km$ für $M = 1.4 M_\odot$. Dies unterscheidet sich nicht so stark von den anderen Werten. Skaliert man diesen Wert jedoch auf $d = 123\,pc$, so ergibt sich ein Radius von $R = 12.1\,km$, deutlich kleiner als andere Abschätzungen, vgl. Tab. 6.2. Aus Abb. 6.4 ist auch zu erkennen, dass dieser Radius wieder mehrere EoS erlauben würde. Mit Bekanntwerden der 7s Pulsationen von RX J1856 [89] gelang es Ho [33], auch unter Benutzung seines Modells, die Geometrie des Neutronensterns einzuschränken. Die Rotationsachse, so schreibt er, ist fast parallel zur Magnetfeldachse, bzw. zur Sichtlinie. Eine Anwendung des Modells auf RX J0720 steht bislang noch aus.

Schlussfolgerungen aus den Radien

Analysiert man die Radien der verschiedenen Modelle in Tab. 6.2, skaliert auf die Entfernungen von $123\,pc$ und $161\,pc$, für RX J1856 und $280\,pc$ bzw. $360\,pc$ für RX J0720, so stellt sich heraus, dass die meisten Modelle nur für die kleineren Entfernungen realistische Werte liefern. Nur sehr steife EoS können diese Radien erklären, z.B. die mit TI bezeichnete

6. Diskussion, Zusammenfassung und Ausblick

EoS in Abb. 1.3, S. 6, und Abb. 1.4, 7, bzw. Wiringa u. a. [98]. Mit den Entfernungen von Kaplan u. a. [41] lassen sich unter den hier dargestellten Annahmen keine sinnvollen EoS mehr finden.

Dafür lassen größere Entfernungen eine ganz andere Schlussfolgerung zu. Da die Natur des optischen Exzesses immer noch nicht zweifelsfrei geklärt ist, gibt es hier immer wieder Raum für Spekulationen. So zeigen z.B. Hambaryan u. a. [31], dass sich das Spektrum und die Variabilität von RX J0720 zumindest teilweise durch eine Interaktion mit dem umgebenden interestellaren Medium erklären lassen. Als Extremfall kann man annehmen, die gesamte weiche Strahlung, der optische Exzess, von RX J0720, entstehe nicht auf der Oberfläche des NS. Nach Motch u. a. [59] hat der heiße Schwarzkörper $R_{bb}^{\infty} = (2.0 - 2.2)(d/100\,\text{pc})\,\text{km}$, was bei $d = 360\,\text{pc}$ [41] auf einen Radius von $R_{bb}^{\infty} = 7.6\,\text{km}$ hinausläuft. Für RX J1856 erhält man mit ähnlichen Überlegungen $R_{bb}^{\infty} = 6.3\,\text{km}$, bei $d = 167\,\text{pc}$ [41]. Bei einem Blick auf Abb. 6.4 erkennt man, dass es sich dann um Quark-Sterne mit $M < 0.5 M_{\odot}$ handelt. Diese etwas exotischen Zustandsgleichungen wurden, gerade für RX J1856, häufig diskutiert [69, 85], wurden aber dennoch selten in Betracht gezogen.

Möglich ist auch, dass bei manchen M7 ein Teil der weichen Strahlung von der NS-Oberfläche stammt und ein anderer Teil seinen Ursprung in Wechselwirkungen mit dem umgebenden Medium hat. Daraus würden sich dann entsprechend kleinere Radien, als in Tab. 6.2 ergeben, vgl. Hambaryan u. a. [31].

6.4. Massenbestimmung

Die Bestimmung der Masse von NSen gelang bisher nur dynamisch in Doppelsternsystemen. Die meisten gut bekannten Werte [50] liegen in einem kleinen Bereich um $1.35 M_{\odot}$. Doppelneutronensterne sind sehr gut geeignet um die Aussagen der 'Allgemeinen Relativitätstheorie' (ART) zu überprüfen. Für ihre Pionierarbeit auf diesem Gebiet erhielten Hulse und Taylor [38] 1993 den Nobelpreis für Physik.

6.4. Massenbestimmung

Die ART sagt voraus, dass Licht in der näher besonders dichter Materie (also großem Gravitationspotential) in seiner Ausbreitungsrichtung gebeugt und in seiner Energie geschwächt (rotverschoben) wird. Dies erkannte und schrieb Albert Einstein bereits im Jahre 1936. Erst 1963 beschrieb Liebes [49] die Eigenschaften einer stellaren Gravitationslinse und deren Po-

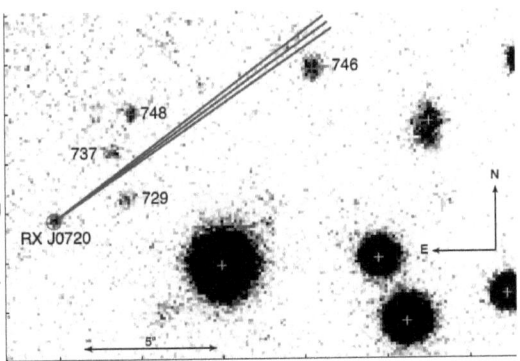

Bild 6.5. Addierte FORS1 Aufnahme von RX J0720 aus dem Jahr 2000 [59]. Darüber ist die projizierte Eigenbewegung des NSs während der nächsten 130 Jahre dargestellt. Während dieser Zeit kommt der NS den rot markierten Objekten sehr nahe, aber nicht nahe genug. Die Größe der roten Fehlerkreuze gibt die Positionsungenauigkeit des betreffenden Objekts zum Zeitpunkt des engsten Vorbeifluges des NSs an, siehe Eisenbeiss und Neuhäuser [20].

tential, das Licht einer Hintergrundquelle bis zu 1000-fach zu verstärken. Der gleiche Effekt sorgt auch dafür, dass ein NS im Unendlichen größer erscheint, als er wirklich ist. Die Stärke dieses Effekts hängt von der Masse des NSs ab. Man kann daher die Masse eines isolierten NSs ermitteln, falls er genau vor einem Hintergrundstern vorbeizieht und dessen Licht aufgrund seiner Gravitation beugt. Dadurch wird der Hintergrundstern nicht nur in seiner Helligkeit verstärkt, sondern auch in seiner Position verschoben. Diese Idee wurde konkret für RX J1856 von Paczynski [65] untersucht.

Passiert der NS den Hintergrundstern in einem kleinen Winkelabstand $\Delta\varphi$, so wird der Hintergrundstern um

$$\delta\varphi = \frac{\varphi_E^2}{\Delta\varphi} \qquad (6.3)$$

6. Diskussion, Zusammenfassung und Ausblick

versetzt, wobei

$$\varphi_E = \left(\frac{4GM}{c^2 d_\pi}\right)^{1/2} \tag{6.4}$$

der Einstein-Ring Radius und $1/d_\pi$ die trigonometrische Parallaxe des NS ist[2]. Kann man nun $\delta\varphi$ und $\Delta\varphi$ messen, so folgt aus Gl. 6.3 und 6.4 die Masse des NSs.

RX J0720 als Gravitationslinse

Im Folgenden werden die Überlegungen von Paczynski [65] auf das vorhandene Datenmaterial angewendet. Ein Blick auf die HST Bilder zeigt jedoch für beide NSe, das sich innerhalb des ACS/HRC Gesichtsfeldes kein sichtbares Objekt befindet, welches als Kandidat für ein Linsenereignis in Frage kommt. Aufgrund des weit größeren Gesichtsfeldes nahmen wir daher die FORS Daten von 2000, 2002/03 [59] und 2008 [19] zur Hand, siehe Kap. 3 und Abb. 6.5. Die Relative Positionsunsicherheit der Sterne in diesem Feld (die Streuung der Hintergrundwolke, Kap. 3) liegt bei ≈ 4 mas. Auch die Position des NS wird nach den Gesetzen der Fehlerfortpflanzung in der Zukunft immer ungewisser. Die mit der Zeit wachsende Positionsunsicherheit erhöht natürlich die Chancen, ein passendes Objekt zu treffen. In Abb. 6.5 ist dies berücksichtigt, indem für Objekte, denen RX J0720 nahe kommt, das Fehlerkreuz den Positionsfehler zum Zeitpunkt des kleinsten Abstandes angibt. Die drei blauen Linien geben die nominelle Eigenbewegung, sowie den Fehlerkegel (Positions- + Eigenbewegungsfehler) des NS an. Wie in Abb. 6.5 zu erkennen ist, verfehlt der NS alle sichtbaren Objekte in den nächsten 130 Jahren um wenigstens 1.1 ± 0.7 arcsec (Objekt 746 in Abb. 6.5). Auch die VLT/ISAAC Bilder im H-Band von Posselt u. a. [71] zeigen keine weiteren Objekte in dieser Region.

RX J1856 als Gravitationslinse

Für RX J1856 haben Neuhäuser [61] von 1999 bis 2000 drei VLT/FORS V-Band Aufnahmen mit insgesamt etwa einem Jahr Differenz aufgenommen. Unter Verwendung der sel-

---

[2]Genaugenommen handelt es sich bei d_π um die Entfernung zwischen Quelle und Linse. Wir nehmen oBdA an, dass $d_{\text{Quelle}} \gg d_{\text{NS}}$

6.4. Massenbestimmung

ben Vorgehensweise wie in Kap. 3 für RX J0720 beschrieben, haben wir auch diese Bilder neu zusammenaddiert, kalibriert und die Eigenbewegung jedes Objekts gemessen. Aufgrund der kürzeren Epochendifferenz beträgt die relative Positionsunsicherheit für jeden Hintergrundstern $\approx$ 12 mas. Aufgrund der höheren Genauigkeit wird

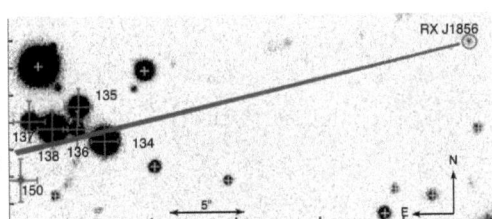

Bild 6.6. Addierte FORS1 Aufnahme von RX 1856 und darüber gelegte projizierte Eigenbewegung. Offenbar bewegt sich der NS auf einige dicht stehende Sterne zu, siehe Eisenbeiss und Neuhäuser [20]. Weitere Erklärungen siehe Abb. 6.5.

auch hier die,aus den HST Daten ermittelte, Eigenbewegung verwendet. Wie in Abb. 6.6 zu sehen erreicht der NS nach etwa 100 Jahren Flugzeit eine Region mit erhöhter Sternendichte. Sollte es sich hierbei um eine echte räumliche Gruppierung handeln (also eine Sternenassoziation) so stehen die Chancen gut, dass noch weitere, zu leuchtschwache Objekte in der Region zu finden sind.

Die sechs Objekte, denen der NS besonders nahe kommt, sind mit der minimalen Entfernung (in ″) und dem zugehörigen Datum dieses Ereignisses in Tab. 6.3 zusammengefasst. Zwei Sterne haben sogar einen nominellen Abstand von $< 1''$. Man sollte allerdings bedenken, dass für einen $1.4 M_\odot$ NS im Abstand von $d_\pi = 123\,pc$ $\varphi_E \approx 8$ mas ist. Verfehlt der NS den Stern auch nur um $\Delta\varphi = 0.1''$, so ist der Effekt nur noch $\delta\varphi \approx 0.7$ mas

Tabelle 6.3. Der Minimale Abstand (min. Dist.) zwischen RX J1856 und einigen Sternen und das Datum dieses Ereignisses. Die Nummerierung der Sterne folgt Abb. 6.6.

Star	min. Dist. [″]	Date
134	0.7 ± 1.6	15.04.2097
135	2.0 ± 1.7	08.09.2102
136	0.6 ± 1.7	13.11.2103
137	1.8 ± 1.9	08.11.2115
138	1.0 ± 1.8	10.03.2110
150	1.9 ± 2.0	26.04.2120

stark, dies liegt bereits im Grenzbereich der Möglichkeiten des HST. Es ist also nötig RX J1856 auf seinem Weg zu verfolgen und seine Eigenbewegung immer wieder zu aktua-

6. Diskussion, Zusammenfassung und Ausblick

lisieren. Auch die Teleskoptechnologie wird sich weiter verbessern. Da hierfür noch etwa 100 Jahre Zeit ist und die gegenwärtigen Daten noch zu ungenau sind wird an dieser Stelle auf weiterführende statistische Analysen verzichtet. Es sei aber nochmals darauf hingewiesen, dass weitere optische Beobachtungen dieses NS unbedingt erforderlich sind, damit die Bestimmung der Masse von RX J1856 möglich ist.

Natürlich ist die hier vorgestellte Methode auf jeden bekannten Neutronenstern anwendbar, insbesondere auf alle Pulsare. Schwarz und Seidel [75] untersuchten dies auf statistischem Wege. Unter Berücksichtigung der Verteilung der NSe in der Galaxis schlussfolgern sie: die Wahrscheinlichkeit, dass ein Pulsar zufällig als Gravitationslinse agiert ist $\approx 10^{-7}$ Ereignisse pro NS und Jahr. Dabei ist die Wahrscheinlichkeit in Richtung galaktisches Zentrum dreimal so hoch, wie in andere Richtungen. Auch sie schlussfolgern, dass eine individuelle Betrachtung einzelner Pulsare Erfolg versprechender ist.

6.5. Geburtsort und Alter

Kennt man die genaue Position eines Sterns im Raum, so kann man seine Geschichte zurück verfolgen. Unter günstigen Voraussetzungen, kann man daher den Geburtsort und den Zeitpunkt der Super Nova, also das Alter, von Neutronensternen feststellen. In einem sehr einfachen Fall konnte man z.B. auf diese Art beweisen, dass der Krebs-Pulsar im Zentrum des Krebs-Nebels bei der Supernova von 1054 entstanden ist. Für unsere beiden Neutronensterne ist die Radialgeschwindigkeit die einzige Unbekannte. Man nimmt dabei an, dass NSe in jungen Sternenassoziationen entstanden sind. Darüber hinaus kann ein Neutronenstern Teil eines Doppelsystems gewesen sein. Ein masseärmerer Begleiter kann dabei die Supernova überlebt haben. Falls das System jedoch zerrissen wurde, ist es vielleicht möglich durch das Zurückverfolgen der 3D-Geschwindigkeit, den ehemaligen Begleiter zu finden und so Geburtsort und Geburtszeitpunkt noch genauer zu bestimmen. Dieser anspruchsvollen Aufgabe wird Tetzlaff u. a. [81, 80] bearbeitet.

6.5. Geburtsort und Alter

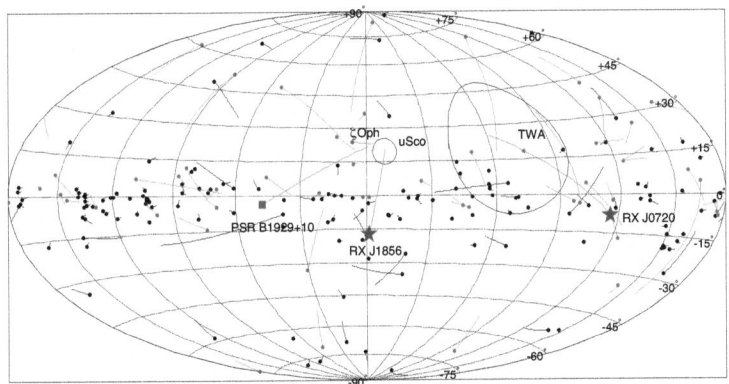

Bild 6.7. Die in die Vergangenheit zurückverfolgte Bewegung von RX J0720, RX J1856. Dazu sind 147 Schnellläufersterne (schwarz) und 51 Neutronensterne (rot). RX J1856 lässt sich zur Upper Scorpius (uSco) Assoziation zurückverfolgen, RX J0720 zur TW Hydra (TWA) Assoziation. In der Vergangenheit waren sich der Schnellläuferstern ζ Oph und RX J1856 sehr nahe. Wahrscheinlicher ist jedoch, dass es sich hierbei um den ehemaligen Begleiter von PSR B1929 handelt [36]. [Nina Tetzlaff, priv. Komm.]

Es gibt noch andere Methoden, das Alter von Neutronensternen zu bestimmen. NSe kühlen mit der Zeit aus. Ihre effektive Temperatur ist eine Funktion der Zeit und ihrer Anfangstemperatur. Dabei hängt die Kühlungsrate von der zugrunde liegenden Zustandsgleichung und den Eigenschaften des Modells (z.B. Magnetfeldstärke) ab. Eine ausführliche Beschreibung verschiedener Kühlungskurven findet sich z.B. in Page u. a. [66]. In Tab. 6.4 sind die entsprechenden Altersabschätzungen für beide NSe aufgeführt. Während ein NS altert, verlangsamt sich auch seine Rotationsrate (*Spin-down*). Dies geschieht, da der Neutronenstern, durch das Abstrahlen elektromagnetischer Strahlung, Energie verliert (Kap. 1.1, S. 3). Die Stärke des Magnetfeldes spielt also eine große Rolle und muss besonders bei stark magnetisierten NSen, wie den M7, berücksichtigt werden. Man versteht dieses sogenannte 'charakteristische Alter' als Obergrenze. Man erhält $\tau_{char} = 1.9\,$Myr für RX J0720 [39] und $\tau_{char} = 3.6\,$Myr für RX J1856 [89] (Tab. 6.4).

6. Diskussion, Zusammenfassung und Ausblick

Tabelle 6.4. Alter und Geburtsort von RX J0720 und RX J1856. Das Alter wurde anhand von Kühlungsmodell, spin-down und kinematisch bestimmt. Kinematisch wurde noch alte und neue Entfernungsangabe verwendet, siehe Tetzlaff u. a. [81, 80].

RX	Alter [Myr]				Geburts-	Ref
	Kühlung	Spin-down	kinematisch ori. Entf.	neu Entf.	ort	
J0720	0.2-6.3	≈ 1.9	0.34-0.46	$0.41^{+0.09}_{-0.06}$	TWA	[66, 39, 81, 80]
J1856	0.3-0.6	≈ 3.8	0.28-0.34	$0.46^{+0.05}_{-0.05}$	USco	[66, 89, 81, 80]

Verfolgt man die Bewegungen beider NSe zurück und berechnet ihren minimalen Abstand zu verschiedenen Sternenassoziation, so findet man *Upper Scorpius* (uSco) als wahrscheinlichen Geburtsort für RX J1856. Dies wurde schon früher von verschiedenen Autoren vermutet [61, 93, 40, 95]. Darüber hinaus wird die damit einhergehende Radialgeschwindigkeit durch die Orientierung des Bugschocks [91] bestätigt. Für RX J0720 erhält man, trotz des großen Fehlers der Entfernung, die *TW Hydra* (TWA) als recht wahrscheinlichen Geburtsort. Etwas überraschend ist das so ermittelte *kinematische Alter* von ≈ 0.43 und ≈ 0.45 für RX 0720 respektive RX 1856 (Tab. 6.4 und [80]). Die Unkenntnis der Radialgeschwindigkeit stellt dabei die größte Unsicherheit dar. Eine andere Assoziation als Ursprungsort kann für beide NSe nicht ausgeschlossen werden. Das kinematische Alter ist aber, im Unterschied zu anderen Angaben, weitgehend modellunabhängig und damit ein wichtiger Prüfstein für die Theorie.

6.6. Zusammenfassung

Die in dieser Arbeit vorgestellten optischen Beobachtungen der beiden bekanntesten isolierten Neutronensterne haben gezeigt, wie entscheidend die optische Astronomie auch für diese, hauptsächlich im Röntgenbereich bekannten, Objekte ist.

Der optische Exzess von RX J0720 wurde anhand von Archivdaten [59] und selbst aufgenommenen Bildern [19] mit dem FORS Instrument des VLT untersucht. Dabei bleibt die Ursache dieses Exzesses für die M7 im Allgemeinen und RX J0720 im Besonderen weiter

6.6. Zusammenfassung

unklar. Die optische Strahlung scheint zumindest teilweise von der Oberfläche zu stammen, wobei die Röntgenstrahlung in heißen Flecken an den magnetischen Polen emittiert wird [59, 42]. Ein Teil der optischen Strahlung mag jedoch ihren Ursprung in Wechselwirkungen des NSs mit dem umgebenden interstellaren Medium haben [31]. Eine genaue Analyse des frequenzabhängigen Verlaufs der optischen Strahlung (Schwarzkörper oder Potenzgesetz) kann darüber Aufschluss geben. Für RX J0720 steht die zeitliche Variabilität der optischen Strahlung zur Disposition. Ein Zusammenhang mit der bereits untersuchten und kontrovers diskutierten Röntgenvariabilität [27, 90, 35] muss in Zukunft naher untersucht werden. Dies kann z.B. durch koordinierten optischen und Röntgenbeobachtungen geschehen. Darüber hinaus kann man mit der Methode der phasenaufgelösten Spektroskopie, vgl. Suleimanov u. a. [79], die Oberfläche des NS untersuchen.

Unter Verwendung der gleichen genannten Daten gelang es außerdem, die Eigenbewegung und die Position von RX J0720, genau zu bestimmen [19].

Eine noch genauere Astrometrie ist mit dem HST möglich. Sowohl für RX J1856 als auch RX J0720 lagen geeignete Datensätze zur Bestimmung der trigonometrischen Parallaxe vor. Die Ergebnisse, die basierend auf diesen Datensätzen von anderen Autoren publiziert wurden [41, 88] waren teilweise kontrovers und widersprachen früheren Messungen und Abschätzungen [95, 72]. Es konnte für RX J1856, basierend auf dem gleichen Datensatz, eine plausible, mit früheren Messungen konsistente, Entfernung bestimmt werden. Diese Entfernung von $\approx 120\,pc$ wurde unvoreingenommen und unabhängig voneinander von verschiedenen Co-Autoren bestimmt und gemeinsam publiziert [94]. Wie Kaplan u. a. [41] hiervon abweichende Werte von $\approx 160\,pc$ ermittelt haben, bleibt allerdings unklar. Der nächste Schritt ist die kombinierte Analyse der beiden Datensätze von WFPC2 und ACS. Für RX J0720 wurden $\approx 280\,pc$ ermittelt, konsistent mit einer früheren Messung von $\approx 360\,pc$ [41]. Der Vergleich, der Entfernungsbestimmungsmethoden führte kaum signifikante Unterschiede zu Tage. Ein Fehler in der Definition des χ^2 könnte in der Arbeit von Kaplan u. a. [41] negative Konsequenzen gehabt haben. Weiter Unterschiede in den Vorgehensweisen

6. Diskussion, Zusammenfassung und Ausblick

dürften jedoch nicht entscheidend gewesen sein.

Als Anwendung der neu gewonnenen Entfernungen wurde der Radius beider Neutronensterne abgeschätzt (Tab. 6.2). Obwohl alle Abschätzungen recht große NSe ergeben, liefern die Entfernungen dieser Arbeit realistische Werte. Darüber hinaus wurde die genauere Eigenbewegung aus den HST Daten mit dem Vorteil des größeren Gesichtsfeldes und der besseren absoluten Kalibrierung des VLT kombiniert, um die Bewegung beider NSe in die Zukunft zu projizieren, siehe auch Eisenbeiss und Neuhäuser [20]. Auf diese Weise konnten für RX J1856 einige Kandidaten für ein Gravitationslinsenereignis ausgemacht werden. Falls der NS diesen Hintergrundsternen in der Projektion nahe genug kommt, könnte man aufgrund seiner Gravitationswirkung auf das Licht des Hintergrundsterns seine Masse bestimmen. Dies wird jedoch erst in ≈ 100 Jahren geschehen.

Schließlich kann die Bewegung der NS auch zurückverfolgt werden. Wie Tetzlaff u. a. [81] in ihrer Publikation zeigen konnten, findet man auf diese Weise den wahrscheinlichen Geburtsort der Neutronensterne, uSco für RX J1856 und TWA für RX J0720. Das damit einhergehende kinematische Alter von ≈ 0.45 Myr (RX J1856) bzw. ≈ 0.53 Myr für RX J0720 [80] ist weitgehend mit Abschätzungen aus Kühlungskurven konsistent [66], allerdings nicht mit dem charakteristischen Alter [39, 89], welches allerdings nur ein oberes Limit darstellt.

Die M7 sind alle nahe Neutronensterne. Nach den Abschätzungen von Posselt u. a. [72], ist die Messung der trigonometrischen Parallaxe auch noch für andere der M7 möglich. Für RX J0806.4-4123 ist als Einzigen noch keine erfolgreiche optische Beobachtung vermeldet. Dies soll 2011 mit dem VLT/FORS Instrument nachgeholt werden. Heutzutage sind optische Beobachtungen der M7 mühsam und kosten viel Zeit. So liegt die Beantwortung der noch offenen Fragen in der nahen Zukunft.

Zukünftige Instrumente, wie das *James Webb Space Telescope* (JWST), oder das E-ELT der ESO könnten diese Objekte mit Leichtigkeit beobachten und sprichwörtlich mehr Licht ins Dunkel bringen.

A. Zusatzinformationen und Erläuterungen

A.1. Apertur-Photometrie mit kleinen Aperturen

Bei der Aperturphotometrie spielt die Wahl der richtigen Apertur eine entscheidende Rolle. Eine Faustregel ist $r_\mathrm{app} \geq 3 \times FWHM$, also der Aperturradius soll mindestens $3\times$ der Halbwertbreite der PSF entsprechen. Für sehr leuchtschwache Quellen reicht jedoch eine kleinere Apertur oft schon aus. Um diese Apertur optimal zu bestimmen, kann man die instrumentelle Magnitude für verschiedene Aperturradien bestimmen. Man würde dabei erwarten, dass zu kleine Radien auch zu kleine Magnituden zur Folge haben. Ist der Radius dagegen so groß, dass das Licht von Nachbarsternen in die Apertur fällt, so ist die Magnitude zu klein. Dazwischen gibt es idealerweise einen flachen Bereich, in dem die Magnitude nicht vom Aperturradius Abhängt. Im Falle der in Kap. 3.2 und 3.2 beschriebenen Messung der Magnitude von RX J0720 wird die Situation, wie in Bild 3.3 zu sehen, durch eine nahe Gruppierung sehr heller Sterne verkompliziert. Abb. A.1 zeigt Testmessungen der Magnitude des NS in diesem Bild. Wie zu sehen ist, ist der erhoffte 'flache' Bereich nicht ganz flach. Hier ist jedoch der Aperturdurchmesser gezeigt. Die in Kap. 3.2 verwendete Apertur von 12 Pixeln Durchmesser stellt eine Art besten Kompromiss dar, da dies der erste flache Bereich mit kleiner Apertur ist, wo der Einfluss der nahen, hellen Sterne möglichst klein ist.

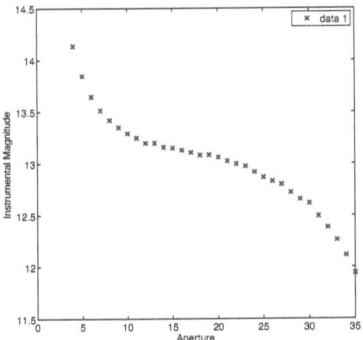

Bild A.1. Abhängigkeit der Sternhelligkeit vom Durchmesser der Apertur.

A. Zusatzinformationen und Erläuterungen

A.2. Verteilung von Sternbewegungen

Sind die Bewegungen der Sterne in X und in Y Richtung normalverteilt so ergibt die Größe

$$R = \sqrt{X^2 + Y^2} \quad (A.1)$$

eine Rayleigh Verteilung. Hat sich also z.B. Stern i in der Zeit $t = 1\,\text{yr}$ von der Stelle $(x_{i,1}, y_{i,1})$ nach $(x_{i,2}, y_{i,2})$ so hat er sich mit der Eigenbewegung (μ_x, μ_y) um die Strecke

$$d = \sqrt{\mu_x^2 + \mu_y^2} \quad (A.2)$$

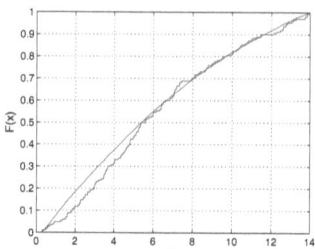

Bild A.2. Kumulative Verteilungsfunktion (CDF) der betraglichen Positionsunterschiede der Hintergrundsterne (blau), verglichen mit einer synthetischen Rayleigh Verteilung. Die gute Übereinstimmung zeigt, dass keine systematischen Fehler in der Kalibrierung übrig sind. [19].

bewegt. In einem Sample mit zufällig ausgewählten Sternen sind μ_x und μ_y normalverteilt. Daraus folgt, dass für d die Rayleigh-Verteilung $f(d, \sigma)$ mit

$$f(d, \sigma) = \frac{d}{\sigma^2} e^{-d^2/2\sigma^2} \quad (A.3)$$

mit der Standardabweichung σ gilt. Die kumulative Verteilungsfunktion (CDF) ist dann (mit $x = d$).

$$F(x) = 1 - e^{-x^2/2\sigma^2}, \quad (A.4)$$

siehe Abb. A.2. Vergleicht man die kumulative Verteilungsfunktion eines maschinell generierten Test-Samples mit den Daten der beiden FORS Beobachtungen von RX J0720 (siehe Kap. 3.2 und Abb. A.2) so lässt sich leicht testen, ob die Beobachtungsdaten einer Rayleigh-Verteilung entsprechen. Weitere Erläuterungen siehe Kap. 3.2.

A.3. Die trigonometrische Parallaxe

Aufgrund der Bewegung der Erde um die Sonne beschreibt ein naher Stern gegenüber dem Sternenhintergrund eine elliptische Bahn. Der halbe Öffnungswinkel dieser Ellipse ist die trigonometrische Parallaxe π (p in Abb. A.3). Die genaue Form der Ellipse hängt dabei von der Position des Sterns am Himmel ab, im folgenden werden äquatoriale Koordinaten α (Rektaszension) und δ (Deklination) verwendet. Da die Bahn der Erde ihrerseits eine Ellipse ist, deren Lage sich mit der Zeit verändert, ist die exakte Berechnung von π von einer Reihe Lageparameter abhängig, deren analytische Beschreibung oft kompliziert ist. Am besten verwendet man hierfür einen möglichst aktuellen Astronomischen Almanach [87].

Gegeben sei das Julianische Datum (JD) n. Dann ist der zeitliche Abstand vom Referenzpunkt (J2000.0) n gegeben durch:

$$n = \text{JD} - 2451545.0 \quad (A.5)$$

Die mittlere Länge L der Sonne, korrigiert bzgl. Aberration ist dann

$$L = 280°.461 + 0°.9856474\, n \quad (A.6)$$

und die mittlere Anomalie g ist

Bild A.3. Aufgrund der Bewegung der Erde um die Sonne, verschiebt sich die Position eines nahen Sterns gegenüber dem Sternenhintergrund entsprechend einer Ellipse. Der halbe Öffnungswinkel dieser Ellipse ist die trigonometrische Parallaxe $p \,\hat{=}\, \pi$.
©http://www.leifiphysik.de

$$g = 357°.529 + 0°.9856003\, n. \quad (A.7)$$

Beschränkt man die Werte für L und g auf das Intervall von $0°$ bis $360°$, so ergibt sich die Länge der Ekliptik λ zu

$$\lambda = L + 1°.915 \sin g + 0°.020 \sin 2g. \quad (A.8)$$

A. Zusatzinformationen und Erläuterungen

Die Breite der Ekliptik ist

$$\beta = 0°. \tag{A.9}$$

Die Schiefe der Ekliptik ist

$$\varepsilon = 23°.439 - 0°.0000004\,n. \tag{A.10}$$

Die Entfernung der Sonne von der Erde R in AE[1] ist dann definiert durch

$$R = 1.00014 - 0.01671 \cos g - 0.00014 \cos 2g. \tag{A.11}$$

Dies kann benutzt werden um die äquatorialen rechtwinkeligen Koordinaten der Erde in AE zu berechnen:

$$X = -R \cos \lambda, \quad Y = -R \cos \varepsilon \sin \lambda \quad Z = -R \sin \varepsilon \sin \lambda. \tag{A.12}$$

Sind die äquatorialen Koordinaten eines Sterns α und δ gegeben und dieser Stern habe eine Parallaxe π (alles in Grad), dann ist die parallaktische Auslenkung von der Erde aus gesehen

$$\Delta \alpha = (\pi \cos \delta)(X \sin \alpha - Y \cos \alpha) \tag{A.13}$$
$$\Delta \delta = \pi (X \cos \alpha \sin \delta + Y \sin \alpha \sin \delta - Z \cos \delta), \tag{A.14}$$

wobei X, Y, Z die Koordinaten der Erde sind.

A.4. Das Plancksche Strahlungsgesetz

Die Ausstrahlung eines schwarzen Körpers wird durch die Quantentheorie des Lichts bestimmt (siehe z.B. Haken und Wolf [29]). Danach wird die Ausstrahlungscharakteristik durch

---
[1] eine Astronomische Einheit: 1.496×10^{11} m

die möglichen, quantisierten Schwingungszustände der Atome des (re-) emittierenden Stoffes (z.B. die Photosphere eines Sterns) gegeben. Das Produkt aus der Zustandsdichte der erlaubten Schwingungszustände und der mittleren Energie je quantisiertem Zustand (als Ergebnis der Anwendung der Quantentheorie und der Bose-Einstein Statistik) ergibt das bekannte Planck'sche Strahlungsgesetz.

$$U_\nu(\nu,T) = \frac{8\pi h \nu^3}{c^3} \frac{1}{e^{\left(\frac{h\nu}{kT}\right)} - 1}, \tag{A.15}$$

mit der Frequenz ν und der Temperatur T. c (Lichtgeschw.), h (plancksches Wirkungsquantum), und k (Boltzmann Konstante) sind Konstanten. $U_\nu(\nu,T)$ hat die Einheit einer Energiedichte. Diese Energiedichte hat bei einer bestimmten emperaturabhängigen Frequenz ihr Maximum. Das Produkt der Wellenlänge $\lambda = c/\nu$ dieses Maximums mit der Temperatur $\lambda_{\max} \cdot T = const.$ (Wiensches Verschiebungsgesetz), siehe Abb.A.4.

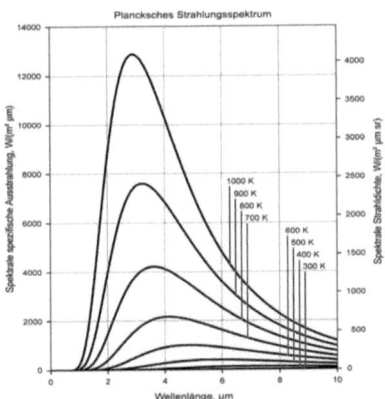

Bild A.4. Das Plancksche Strahlungsgesetz für verschiedene Temperaturen. ©GNU public license

A.5. Varianten des Anpassungsalgorithmus

Keine Parallaxen Um das Programm zu beschleunigen ist es möglich die Bestimmung der Parallaxe für alle anderen Sterne, außer dem Neutronenstern zu unterlassen. Es stellt sich jedoch heraus, dass mindestens ein weiterer Stern im Feld eine endliche, messbare

A. Zusatzinformationen und Erläuterungen

Entfernung hat. Lässt man diesen Stern weg, oder erlaubt man auch diesem eine Parallaxe, so sind alle Ergebnisse äquivalent.

Elimination schlechter Sterne Eine weitere Variante ist die Elimination störender Sterne. Dazu wird ein χ^2 festgelegt, das mindestens erreicht werden muss (z.B. $\chi^2 = 2$. So lange $\chi^2 > 2$ wird bei einem Zählerstand von 200, das bedeutet, dass schon drei mal die Eigenbewegungen und Parallaxen neu bestimmt wurden, ohne eine Verbesserung zu erreichen, der Stern, mit den größten Residuen ganz und entgültig vom Programm ausgeschlossen wird. Dies ist häufig ein leuchtschwacher Stern, dessen Residuen nur auf den hohen Detektionsfehler, nicht aber auf ein systematisches Problem zurückzuführen sind. Obwohl das eliminieren eines Sterns keinen großen Einfluss auf das Ergebnis zu haben scheint, so verringert sich doch der Fehlerbalken des Endergebnisses. Natürlich darf man nicht zu viele Sterne entfernen. Im vorliegenden Fall von RX J1856 hat das vollständige Entfernen von zwei Sternen eine leichte Verbesserung des Ergebnisses erbracht. Für RX J0720 war es nötig drei Sterne von den Berechnungen auszuschließen

A.6. Tests

Um die Robustheit des Anpassungsalgorithmuss zu testen wurden Teststerne, mit bekannter Parallaxe und Eigenbewegung und zufälligen gaussverteilten Fehlern generiert und an Stelle des Neutronensterns in die Daten eingefügt. Der Anpassungsalgorithmus wurde dann normal gestartet. dies wurde in vier Durchläufen je NS mit Parallaxen von 1 bis 8 mas durchgeführt. Die Ergebnisse dieser Tests zeigen, dass der Algorithmus innerhalb der Unsicherheit der Eingabedaten robust ist und sind in Tab. A.1 und A.2 zusammengefasst. In beiden Tabellen sind jeweils links die Eingabedaten (Parallaxe Π und Eigenbewegung μ_α, μ_δ eingetragen. Daneben sind die Durch den Algorithmus angepassten Werte mit Fehler angegeben.

A. Zusatzinformationen und Erläuterungen

Tabelle A.1. Testläufe für RX J1856. Alle Einheiten sind [mas].

Input Data			Test 1			Test 2		
Π	μ_α	μ_δ	Π	μ_α	μ_δ	Π	μ_α	μ_δ
1	300	-50	1.096± 0.066	301.325± 0.061	-50.122± 0.062	1.14 ± 0.2	301.19± 0.19	-49.9 ± 0.15
2	300	-50	2.039± 0.09	301.436± 0.069	-50.069± 0.059	2.3 ± 0.37	301.36± 0.17	-50.07± 0.17
3	300	-50	3.12 ± 0.072	301.3 ± 0.067	-50.127± 0.062	2.91 ± 0.16	301.53± 0.26	-50.07± 0.19
4	300	-50	4.105± 0.089	301.3 ± 0.072	-50.02 ± 0.064	3.99 ± 0.11	301.11± 0.25	-50.03± 0.14
5	300	-50	5.058± 0.08	301.305± 0.067	-50.037± 0.06	5 ± 0.12	301.19± 0.14	-50.04± 0.22
6	300	-50	6.08 ± 0.14	301.361± 0.075	-50 ± 0.11	5.93 ± 0.27	301.04± 0.17	-49.76± 0.29
7	300	-50	7.04 ± 0.12	301.474± 0.075	-50.106± 0.078	7.024± 0.067	301.35± 0.18	-49.93± 0.14
8	300	-50	8.14 ± 0.14	301.358± 0.05	-50 ± 0.096	8.1 ± 0.16	301.54± 0.17	-50.13± 0.2
Input Data			Test 3			Test 4		
Π	μ_α	μ_δ	Π	μ_α	μ_δ	Π	μ_α	μ_δ
1	300	-50	1.14 ± 0.14	301.16 ± 0.19	-49.98 ± 0.15	1.232± 0.056	301.34± 0.18	-49.87± 0.2
2	300	-50	2.39 ± 0.4	301.34 ± 0.17	-49.99 ± 0.18	2.05 ± 0.18	301.46± 0.11	-49.94± 0.22
3	300	-50	2.89 ± 0.16	301.61 ± 0.26	-50.02 ± 0.19	3.291± 0.099	301.24± 0.23	-49.77± 0.23
4	300	-50	4 ± 0.11	301.04 ± 0.25	-50.16 ± 0.14	4.01 ± 0.19	301.25± 0.1	-50.2 ± 0.24
5	300	-50	5.01 ± 0.12	301.2 ± 0.14	-50.06 ± 0.22	5.27 ± 0.23	301.13± 0.14	-49.79± 0.25
6	300	-50	5.96 ± 0.27	301.02 ± 0.17	-49.87 ± 0.29	6.08 ± 0.19	301.37± 0.16	-50.16± 0.27
7	300	-50	6.997± 0.07	301.32 ± 0.17	-49.95 ± 0.14	7.171± 0.096	301.52± 0.15	-50.33± 0.21
8	300	-50	8.11 ± 0.18	301.53 ± 0.17	-50.11 ± 0.2	8.4 ± 0.14	301.13± 0.11	-50.08± 0.15

Tabelle A.2. Testläufe für RX J0720. Alle Einheiten sind [mas].

Input Data			Test 1			Test 2		
Π	μ_α	μ_δ	Π	μ_α	μ_δ	Π	μ_α	μ_δ
1	-90	50	1.043± 0.059	-89.965± 0.063	49.992± 0.054	1.11 ± 0.15	-89.94± 0.11	50.035± 0.09
2	-90	50	2.06 ± 0.12	-90.013± 0.052	50.055± 0.052	2.23 ± 0.12	-89.66± 0.12	50.14 ± 0.14
3	-90	50	3.015± 0.056	-90.064± 0.052	49.958± 0.039	3.21 ± 0.19	-90.09± 0.15	50.2 ± 0.14
4	-90	50	4.08 ± 0.12	-90.016± 0.047	50.016± 0.053	3.97 ± 0.13	-90.04± 0.13	50.1 ± 0.11
5	-90	50	5.12 ± 0.12	-89.939± 0.055	50.159± 0.045	5.05 ± 0.11	-90.05± 0.16	50.04 ± 0.12
6	-90	50	6.075± 0.088	-90.013± 0.044	50.033± 0.058	6.02 ± 0.24	-89.95± 0.17	49.96 ± 0.16
7	-90	50	7.064± 0.096	-90.052± 0.058	49.992± 0.057	6.987± 0.068	-89.96± 0.14	50.02 ± 0.13
8	-90	50	8.076± 0.078	-89.903± 0.045	50.033± 0.047	7.97 ± 0.11	-89.91± 0.17	50.06 ± 0.14
Input Data			Test 3			Test 4		
Π	μ_α	μ_δ	Π	μ_α	μ_δ	Π	μ_α	μ_δ
1	-90	50	1.22 ± 0.11	-90 ± 0.13	50.18 ± 0.14	1.18 ± 0.11	-90.12± 0.12	50.17 ± 0.14
2	-90	50	2.07 ± 0.13	-89.974± 0.094	50.14 ± 0.12	2.14 ± 0.18	-89.93± 0.13	49.92 ± 0.13
3	-90	50	3.18 ± 0.2	-89.97 ± 0.12	50.09 ± 0.15	3.163± 0.08	-90.03± 0.14	50.11 ± 0.17
4	-90	50	4.114± 0.075	-89.84 ± 0.18	49.71 ± 0.19	4.17 ± 0.12	-90 ± 0.11	50.15 ± 0.11
5	-90	50	5 ± 0.19	-90.05 ± 0.15	50.16 ± 0.15	4.959± 0.1	-89.97± 0.1	49.91 ± 0.15
6	-90	50	6.03 ± 0.11	-90.01 ± 0.11	49.95 ± 0.14	5.99 ± 0.24	-90.09± 0.15	50.07 ± 0.16
7	-90	50	7.04 ± 0.15	-90 ± 0.16	50.06 ± 0.11	7.18 ± 0.1	-89.99± 0.12	50.25 ± 0.14
8	-90	50	8.11 ± 0.087	-89.99 ± 0.14	49.83 ± 0.14	8.1 ± 0.15	-89.98± 0.15	50.04 ± 0.13

B. Zusätzliche Tabellen

B.1. Anpassungsschema

Tabelle B.1. Liste der verwendeten Detektionen für RX J1856. Ein Punkt markiert Sterne, die für die Anpassung verwendet wurden. Sterne mit X wurden nicht verwendet, oder waren nicht im Bild präsent. Der Neutronenstern ist Stern Nummer 10.

ID	Epoch							
	1	2	3	4	5	6	7	8
1	.x..	...x	xxxx	x...	xx..	.x..	xxxx	....
2	....	....	....	....	..xx	...x	....	....
3	...x	....	....	....	....	....	....	xxxx
4	..x.	...x	x...	x...	x...	....	....	....
5	....	....	....	x...	....	xxxx	x...	....
6	....	....	....	x...	....	...x	....	....
7	..x.	...x	....	....	x...	....	....	....
8	....	...x	....	....	....	....	xxxx	....
9	...x	....	.x..	....	....	x...	.x..	....
NS	..x	...x	....	....	....	....	....	....
11	....	...x	....	.x..	....	....	....	....
12	....	....	....	...x	....	xxxx	....	..x.
13	....	....	.x..	....	....	...x	....	....
14	....	..x.	..x.	.x..	....	....	....	..x.
15	....	....	..x.	....	....	....	....	....
16	....	....	....	xxxx	....	xxxx	x...	xxxx
17	....	....	..x.	.x..	....	..x.	....	....

Tabelle B.2. Das gleiche wie Tab. B.1 für RX J0720. Der Neutronenstern ist Stern Nummer 9.

ID	Epoch							
	1	2	3	4	5	6	7	8
1	....	....	....	....	...x....	xxxxxxxx	....	...x...
2	....	....	....	....	....	....	....	....x...
3	....	....	....	....	....	....	....	.x..x.x.
4	....	....	....xx,	....	...x....	xxxxxxxx	....	xxxxxxxx
5	....	....	....	....	....	....	....	....
6	....	xxxxxxxx	...x...x	xxxxxxxx	....	....	......x.	xxxxxxxx
7	....	....	xxxxxxxx	....	....	....	....	....
8	....	....	....	xxxxxxxx	....x...	....	....	.x..x.xx
NS	....x...	..xx.....	xxxxxx..	....	xxxxxxxx	....	.x.x....	..x....x.
10	....	...x.....	....	....	....	....	....	...x....x
11	....	....	....	..x.....	....	......x.	....	.x..x.x.
12	....	....	x	....	....	xxxxxxxx	....	xxxxxxxx
13	....	....	....	....	x	....	....	...x...

B.2. WCS Koordinaten und Helligkeiten

Tabelle B.3. WCS Koordinaten und F475W Magnitude aller Referenzsterne im Feld von RX J0720.4-3125 und RX 1856.5-3754. Die Magnitude ist ein Mittelwert der korrigierten instrumentellen Magnituden. Der Detektor-Nullpunkt der ACS/HRC wurde addiert.

	RX J1856.5-3754				RX J0720.4-3125		
ID	RAJ2000	DEJ2000	mag$_{F475W}$	ID	RAJ2000	DEJ2000	mag$_{F475W}$
1	18:56:36.53	-37:54:31.6	24.42±0.08	1	07:20:23.92	-31:26:01.9	20.19±0.14
2	18:56:36.52	-37:54:31.5	22.69±0.11	2	07:20:25.17	-31:26:01.0	20.44±0.13
3	18:56:36.38	-37:54:24.0	24.36±0.10	3	07:20:25.36	-31:26:00.3	25.22±0.14
4	18:56:36.13	-37:54:33.3	24.54±0.11	4	07:20:25.08	-31:25:56.5	23.03±0.15
5	18:56:35.94	-37:54:30.5	24.73±0.09	5	07:20:25.52	-31:25:55.6	21.35±0.14
6	18:56:35.96	-37:54:32.8	21.23±0.14	6	07:20:24.44	-31:25:54.4	22.43±0.13
7	18:56:36.12	-37:54:47.8	24.42±0.15	7	07:20:23.60	-31:25:54.1	20.20±0.14
8	18:56:35.75	-37:54:25.0	17.69±0.11	8	07:20:24.43	-31:25:53.0	22.03±0.16
9	18:56:35.56	-37:54:24.6	22.68±0.13	9	07:20:24.30	-31:25:51.6	26.52±0.23
NS	18:56:35.68	-37:54:36.5	25.36±0.16	10	07:20:24.91	-31:25:51.3	25.80±0.22
11	18:56:35.31	-37:54:28.8	21.31±0.10	11	07:20:24.76	-31:25:48.9	25.73±0.18
12	18:56:35.45	-37:54:49.8	18.12±0.05	12	07:20:24.69	-31:25:47.4	23.20±0.10
13	18:56:35.19	-37:54:35.5	24.66±0.13	13	07:20:23.55	-31:25:45.6	22.89±0.14
14	18:56:34.88	-37:54:28.9	21.75±0.12				
15	18:56:35.13	-37:54:47.6	18.79±0.10				
16	18:56:35.18	-37:54:51.4	21.62±0.06				
17	18:56:34.81	-37:54:36.4	21.84±0.12				

B.3. Ergebnistabelle von RX J1856.5-3754

Tabelle B.4. Ergebnisse für alle Sterne im Feld von RX J1856.5-3754. In den ersten beiden Spalten sind die Positionen der Sterne im Verzerrungsfreien Referenzrahmen aufgelistet, gefolgt von der Parallaxe und der Entfernung in mas respektive pc. Die Eigenbewegung der Sterne in α, bzw δ-Richtung, sowie der Betrag der Eigenbewegung, jeweils in mas sind in den letzten drei Spalten dargestellt. Ist die Parallaxe mit Null konsistent bedeutet dies, dass die wahre Entfernung nicht bestimmbar ist. Das wird durch einen unendliche obere Fehlergrenze Inf angezeigt. Kleine negative Parallaxen sind immer konsistent mit Null ($\equiv$ unendliche Entfernung. Der Neutronenstern ist Stern Nummer 10.

Star	x_{PIX}	y_{PIX}	PLX [mas]	DIST [pc]	μ_α [mas]	μ_δ [mas]	μ [mas]
1	149.924 ± 0.022	745.427 ± 0.026	−0.26 ± 0.96	-3800^{+Inf}_{-5300}	−11.52 ± 0.56	1.51 ± 0.89	11.62 ± −0.44
2	155.687 ± 0.018	747.662 ± 0.013	0.37 ± 0.63	2700^{+Inf}_{-1700}	−3.39 ± 0.3	−4.04 ± 0.29	5.27 ± −0.41
3	212.438 ± 0.031	1012.54 ± 0.03	−0.2 ± 1.2	-5000^{+Inf}_{-5200}	−6.48 ± 0.66	−0.63 ± 0.54	6.51 ± −0.71
4	316.827 ± 0.038	683.772 ± 0.029	0.5 ± 1.4	2000^{+Inf}_{-1600}	−2.64 ± 0.61	5.24 ± 0.7	5.87 ± 0.35
5	395.435 ± 0.017	780.559 ± 0.039	−0.6 ± 1.2	-1700^{+Inf}_{-3300}	−5.07 ± 0.49	3.38 ± 0.71	6.093 ± −0.014
6	385.202 ± 0.0089	699.099 ± 0.012	1.29 ± 0.42	780^{+380}_{-190}	9.78 ± 0.18	6.83 ± 0.23	11.93 ± 0.28
7	319.969 ± 0.021	172.882 ± 0.02	0.42 ± 0.82	2400^{+Inf}_{-1600}	−4.36 ± 0.43	−3.52 ± 0.43	5.6 ± −0.6
8	475.05 ± 0.0035	972.636 ± 0.003	−0.18 ± 0.13	-6000^{+Inf}_{-13000}	−0.363 ± 0.091	−1.607 ± 0.073	1.647 ± −0.091
9	552.593 ± 0.011	986.234 ± 0.0056	−0.41 ± 0.35	-2000^{+Inf}_{-16000}	−6.26 ± 0.44	0.57 ± 0.19	6.29 ± −0.42
NS	503.217 ± 0.028	567.298 ± 0.019	8.15 ± 0.96	123^{+16}_{-13}	324.26 ± 0.79	−59.22 ± 0.75	329.62 ± 0.64
11	654.762 ± 0.0062	839.625 ± 0.009	−0.26 ± 0.31	-4000^{+Inf}_{-25000}	−4.72 ± 0.11	−0.52 ± 0.21	4.75 ± −0.13
12	598.045 ± 0.007	97.9245 ± 0.0042	0.38 ± 0.23	2630^{+3900}_{-970}	−6.6 ± 0.1	0.526 ± 0.077	6.621 ± −0.094
13	704.574 ± 0.016	601.568 ± 0.035	−0.2 ± 1.1	-5000^{+Inf}_{-5300}	−9.16 ± 0.49	−5.86 ± 0.58	10.87 ± −0.73
14	835.407 ± 0.01	831.928 ± 0.035	−0.4 ± 1	-2500^{+Inf}_{-4300}	−3.79 ± 0.15	−3.17 ± 0.53	4.94 ± −0.46
15	730.841 ± 0.0073	170.76 ± 0.0047	0.6 ± 0.25	1670^{+1200}_{-490}	2.469 ± 0.063	1.356 ± 0.077	2.817 ± 0.092
16	710.679 ± 0.0052	37.1137 ± 0.0083	0.02 ± 0.28	50000^{+Inf}_{-53000}	−4.76 ± 0.13	−1.59 ± 0.27	5.02 ± −0.21
17	866.685 ± 0.018	565.188 ± 0.035	0.8 ± 1.1	1250^{+Inf}_{-690}	−0.73 ± 0.34	−1.4 ± 0.41	1.58 ± −0.52

B.4. Ergebnistabelle von RX J0720.4-3124

Tabelle B.5. Das gleiche, wie Tab. B.4 für RX J0720.4-3125. Der Neutronenstern ist Stern Nummer 9.

Star	x_{PIX}	y_{PIX}	PLX [mas]	DIST [pc]	μ_α [mas]	μ_δ [mas]	μ [mas]
1	784.022 ± 0.018	177.461 ± 0.011	−0.2 ± 0.6	-5000^{+Inf}_{-7500}	0.33 ± 0.15	−0.99 ± 0.11	1.044 ± −0.057
2	218.884 ± 0.0083	208.206 ± 0.016	−0.15 ± 0.51	-6700^{+Inf}_{-9900}	−0.496 ± 0.089	−0.05 ± 0.13	0.5 ± −0.1
3	131.906 ± 0.023	231.958 ± 0.027	−0.5 ± 1	-2000^{+Inf}_{-4000}	−0.72 ± 0.83	−0.23 ± 0.61	0.76 ± −0.98
4	61.503 ± 0.0095	398.249 ± 0.016	−0 ± 0.53	$-Inf^{+Inf}_{-330000}$	0.39 ± 0.33	1.31 ± 0.23	1.37 ± 0.31
5	797.317 ± 0.0039	417.845 ± 0.014	0.1 ± 0.41	10000^{+Inf}_{-8400}	−0.13 ± 0.11	0.73 ± 0.13	0.74 ± 0.11
6	929.429 ± 0.011	451.721 ± 0.014	0.55 ± 0.5	1820^{+20000}_{-870}	−1.13 ± 0.2	0.1 ± 0.22	1.13 ± −0.18
7	553.945 ± 0.0073	491.21 ± 0.0077	−0.23 ± 0.3	-4000^{+Inf}_{-18000}	0.08 ± 0.1	−0.32 ± 0.16	0.33 ± −0.13
8	760.61 ± 0.012	498.942 ± 0.016	0.61 ± 0.57	1640^{+21000}_{-780}	0.16 ± 0.22	1.73 ± 0.25	1.74 ± 0.27
NS	335.972 ± 0.023	550.582 ± 0.053	3.6 ± 1.6	278^{+210}_{-84}	−92.8 ± 1.4	55.3 ± 1.7	108.03 ± −0.33
10	405.477 ± 0.028	634.478 ± 0.041	0.1 ± 1.4	10000^{+Inf}_{-6300}	−1.1 ± 1.6	−0.6 ± 0.85	1.3 ± −1.8
11	433.092 ± 0.03	687.157 ± 0.032	−0.8 ± 1.2	-1300^{+Inf}_{-3800}	2.6 ± 1	−3.33 ± 0.67	4.225 ± 0.087
12	951.121 ± 0.021	751.333 ± 0.0059	0.43 ± 0.62	2300^{+20000}_{-1400}	0.08 ± 0.45	−0.33 ± 0.25	0.34 ± −0.14
13	482.716 ± 0.037	857.162 ± 0.013	0.3 ± 1.1	3300^{+Inf}_{-2700}	0.75 ± 0.34	−0.82 ± 0.2	1.111 ± 0.082

Literaturverzeichnis

[1] ANDERSON, J.: Astrometry with the Advanced Camera: PSFs and Distortion in the WFC and HRC. In: S. ARRIBAS, A. KOEKEMOER, & B. WHITMORE (Hrsg.): *The 2002 HST Calibration Workshop : Hubble after the Installation of the ACS and the NICMOS Cooling System*, 2002, S. 13–+

[2] ANDERSON, J. ; KING, I. R.: Toward High-Precision Astrometry with WFPC2. I. Deriving an Accurate Point-Spread Function. In: *PASP* 112 (2000), Oktober, S. 1360–1382

[3] ANDERSON, J. ; KING, I. R.: Multi-filter PSFs and Distortion Corrections for the HRC. August 2004. – Forschungsbericht. – 3–+ S

[4] ASCHENBACH, B. ; BRÄUNINGER, H. ; KETTENRING, G.: Entwicklung eines 80 cm-Röntgenteleskops für den Röntgensatelliten ROSAT. In: *Mitteilungen der Astronomischen Gesellschaft Hamburg* 54 (1981), S. 172–+

[5] BAADE, W. ; ZWICKY, F.: Cosmic Rays from Super-novae. In: *Proceedings of the National Academy of Science* 20 (1934), Mai, S. 259–263

[6] BAYM, G.: The High Density Interiors of Neutron Stars. In: *NATO ASIC Proc. 344: Neutron Stars*, 1991, S. 21–+

[7] BERTIN, E.: Automatic Astrometric and Photometric Calibration with SCAMP. In: C. GABRIEL, C. ARVISET, D. PONZ, & S. ENRIQUE (Hrsg.): *Astronomical Data Analysis Software and Systems XV* Bd. 351, Juli 2006, S. 112–+

[8] BERTIN, E. ; ARNOUTS, S.: SExtractor: Software for source extraction. In: *A&AS* 117 (1996), Juni, S. 393–404

[9] BERTIN, E. ; MELLIER, Y. ; RADOVICH, M. ; MISSONNIER, G. ; DIDELON, P. ; MORIN, B.: The TERAPIX Pipeline. In: D. A. BOHLENDER, D. DURAND, & T. H. HANDLEY (Hrsg.): *Astronomical Data Analysis Software and Systems XI* Bd. 281, 2002, S. 228–+

[10] BESSELL, M. S.: UBVRI passbands. In: *PASP* 102 (1990), Oktober, S. 1181–1199

[11] BONDI, H. ; HOYLE, F.: On the mechanism of accretion by stars. In: *MNRAS* 104 (1944), S. 273–+

[12] BURWITZ, V. ; HABERL, F. ; NEUHÄUSER, R. ; PREDEHL, P. ; TRÜMPER, J. ; ZAVLIN, V. E.: The thermal radiation of the isolated neutron star RX J1856.5-3754 observed with Chandra and XMM-Newton. In: *A&A* 399 (2003), März, S. 1109–1114

[13] BURWITZ, V. ; ZAVLIN, V. E. ; NEUHÄUSER, R. ; PREDEHL, P. ; TRÜMPER, J. ; BRINKMAN, A. C.: The Chandra LETGS high resolution X-ray spectrum of the isolated neutron star RX J1856.5-3754. In: *A&A* 379 (2001), November, S. L35–L38

[14] CUTRI, R. M. ; SKRUTSKIE, M. F. ; VAN DYK, S. ; BEICHMAN, C. A. ; CARPENTER, J. M. ; CHESTER, T. ; CAMBRESY, L. ; EVANS, T. ; FOWLER, J. ; GIZIS, J. ; HOWARD, E. ; HUCHRA, J. ; JARRETT, T. ; KOPAN, E. L. ; KIRKPATRICK, J. D. ; LIGHT, R. M. ; MARSH, K. A. ; MCCALLON, H. ; SCHNEIDER, S. ; STIENING, R. ; SYKES, M. ; WEINBERG, M. ; WHEATON, W. A. ; WHEELOCK, S. ; ZACARIAS, N. ; CUTRI, R. M., SKRUTSKIE, M. F., VAN DYK, S., BEICHMAN, C. A., CARPENTER, J. M., CHESTER, T., CAMBRESY, L., EVANS, T., FOWLER, J., GIZIS, J., HOWARD, E., HUCHRA, J., JARRETT, T., KOPAN, E. L., KIRKPATRICK, J. D., LIGHT, R. M., MARSH, K. A., MCCALLON, H., SCHNEIDER, S., STIENING, R., SYKES, M., WEINBERG, M., WHEATON, W. A., WHEELOCK, S., & ZACARIAS, N. (Hrsg.): *2MASS All Sky Catalog of point sources*. Juni 2003

[15] DE VRIES, C. P. ; VINK, J. ; MÉNDEZ, M. ; VERBUNT, F.: Long-term variability in the X-ray emission of RX J0720.4-3125. In: *A&A* 415 (2004), Februar, S. L31–L34

[16] DIOLAITI, E. ; BENDINELLI, O. ; BONACCINI, D. ; CLOSE, L. M. ; CURRIE, D. G. ; PARMEGGIANI, G.: StarFinder: an IDL GUI-based code to analyze crowded fields with isoplanatic correcting PSF fitting. In: P. L. WIZINOWICH (Hrsg.): *Society of Photo-Optical Instrumentation Engineers (SPIE) Conference Series* Bd. 4007, Juli 2000, S. 879–888

[17] DORMAN, B. ; ARNAUD, K. A. ; GORDON, C. A.: XSPEC12: Object-Oriented X-Ray Analysis. In: *Bulletin of the American Astronomical Society* Bd. 35, März 2003, S. 641–+

[18] DRAKE, J. J. ; MARSHALL, H. L. ; DREIZLER, S. ; FREEMAN, P. E. ; FRUSCIONE, A. ; JUDA, M. ; KASHYAP, V. ; NICASTRO, F. ; PEASE, D. O. ; WARGELIN, B. J. ; WERNER, K.: Is RX J1856.5-3754 a Quark Star? In: *ApJ* 572 (2002), Juni, S. 996–1001

[19] EISENBEISS, T. ; GINSKI, C. ; HOHLE, M. M. ; HAMBARYAN, V. V. ; NEUHÄUSER, R. ; SCHMIDT, T. O. B.: New photometry and astrometry of the isolated neutron star RX J0720.4-3125 using recent VLT/FORS observations. In: *Astronomische Nachrichten* 331 (2010), S. 243–+

[20] EISENBEISS, T. ; NEUHÄUSER, R.: Towards mass determination of thermal emitting neutron stars by gravitational lensing. In: *Astronomische Nachrichten* 328 (2007), Juli, S. 709–+

[21] GOLD, T.: Rotating Neutron Stars as the Origin of the Pulsating Radio Sources. In: *Nature* 218 (1968), Mai, S. 731–732

[22] GOLD, T.: Pulsars and the Mass Spectrum of Cosmic Rays. In: *Nature* 223 (1969), Juli, S. 162–+

[23] HABERL, F.: The XMM-Newton view of radio-quiet and X-ray dim isolated neutron stars. In: *Memorie della Societa Astronomica Italiana* 75 (2004), S. 454–+

[24] HABERL, F.: The magnificent seven: magnetic fields and surface temperature distributions. In: *Ap&SS* 308 (2007), April, S. 181–190

[25] HABERL, F. ; MOTCH, C. ; BUCKLEY, D. A. H. ; ZICKGRAF, F.-J. ; PIETSCH, W.: RXJ0720.4-3125: strong evidence for an isolated pulsating neutron star. In: *A&A* 326 (1997), Oktober, S. 662–668

[26] HABERL, F. ; MOTCH, C. ; ZAVLIN, V. E. ; REINSCH, K. ; GÄNSICKE, B. T. ; CROPPER, M. ; SCHWOPE, A. D. ; TUROLLA, R. ; ZANE, S.: The isolated neutron star X-ray pulsars <ASTROBJ>RX J0420.0-5022</ASTROBJ> and <ASTROBJ>RX J0806.4-4123</ASTROBJ>: New X-ray and optical observations. In: *A&A* 424 (2004), September, S. 635–645

[27] HABERL, F. ; TUROLLA, R. ; DE VRIES, C. P. ; ZANE, S. ; VINK, J. ; MÉNDEZ, M. ; VERBUNT, F.: Evidence for precession of the isolated neutron star <ASTROBJ>RX J0720.4-3125</ASTROBJ>. In: *A&A* 451 (2006), Mai, S. L17–L21

[28] HABERL, F. ; ZAVLIN, V. E. ; TRÜMPER, J. ; BURWITZ, V.: A phase-dependent absorption line in the spectrum of the X-ray pulsar RX J0720.4-3125. In: *A&A* 419 (2004), Juni, S. 1077–1085

[29] HAKEN, H. ; WOLF, H. C.: *Atom- und Quantenphysik.* 8., aktualis. u. erw. Springer, 2003. – URL http://de.wikipedia.org/w/index.php?title=Spezial:ISBN-Suche&isbn=978-3540026211

[30] HAKKILA, J. ; MYERS, J. M. ; STIDHAM, B. J. ; HARTMANN, D. H.: A Computerized Model of Large-Scale Visual Interstellar Extinction. In: *AJ* 114 (1997), November, S. 2043–+

[31] HAMBARYAN, V. ; NEUHÄUSER, R. ; HABERL, F. ; HOHLE, M. M. ; SCHWOPE, A. D.: XMM-Newton RGS spectrum of RX J0720.4-3125: an absorption feature at 0.57 keV. In: *A&A* 497 (2009), April, S. L9–L12

[32] HEWISH, A. ; BELL, S. J. ; PILKINGTON, J. D. H. ; SCOTT, P. F. ; COLLINS, R. A.: Observation of a Rapidly Pulsating Radio Source. In: *Nature* 217 (1968), Februar, S. 709–713

[33] HO, W. C. G.: Constraining the geometry of the neutron star RX J1856.5-3754. In: *MNRAS* 380 (2007), September, S. 71–77

[34] HO, W. C. G. ; KAPLAN, D. L. ; CHANG, P. ; VAN ADELSBERG, M. ; POTEKHIN, A. Y.: Thin magnetic hydrogen atmospheres and the neutron star RX J1856.5 3754. In: *Ap&SS* 308 (2007), April, S. 279–286

[35] HOHLE, M. M. ; HABERL, F. ; VINK, J. ; TUROLLA, R. ; HAMBARYAN, V. ; ZANE, S. ; DE VRIES, C. P. ; MÉNDEZ, M.: Spectral and temporal variations of the isolated neutron star RX J0720.4-3125: new XMM-Newton observations. In: *A&A* 498 (2009), Mai, S. 811–820

[36] HOOGERWERF, R. ; DE BRUIJNE, J. H. J. ; DE ZEEUW, P. T.: On the origin of the O and B-type stars with high velocities. II. Runaway stars and pulsars ejected from the nearby young stellar groups. In: *A&A* 365 (2001), Januar, S. 49–77

[37] HOYLE, F. ; NARLIKAR, J. V. ; WHEELER, J. A.: Electromagnetic Waves from Very Dense Stars. In: *Nature* 203 (1964), August, S. 914–916

[38] HULSE, R. A. ; TAYLOR, J. H.: Discovery of a pulsar in a binary system. In: *ApJ* 195 (1975), Januar, S. L51–L53

[39] KAPLAN, D. L. ; VAN KERKWIJK, M. H.: A Coherent Timing Solution for the Nearby Isolated Neutron Star RX J0720.4-3125. In: *ApJ* 628 (2005), Juli, S. L45–L48

[40] KAPLAN, D. L. ; VAN KERKWIJK, M. H. ; ANDERSON, J.: The Parallax and Proper Motion of RX J1856.5-3754 Revisited. In: *ApJ* 571 (2002), Mai, S. 447–457

[41] KAPLAN, D. L. ; VAN KERKWIJK, M. H. ; ANDERSON, J.: The Distance to the Isolated Neutron Star RX J0720.4-3125. In: *ApJ* 660 (2007), Mai, S. 1428–1443

[42] KAPLAN, D. L. ; VAN KERKWIJK, M. H. ; MARSHALL, H. L. ; JACOBY, B. A. ; KULKARNI, S. R. ; FRAIL, D. A.: The Nearby Neutron Star RX J0720.4-3125 from Radio to X-Rays. In: *ApJ* 590 (2003), Juni, S. 1008–1019

[43] KULKARNI, S. R. ; VAN KERKWIJK, M. H.: Optical Observations of the Isolated Neutron Star RX J0720.4-3125. In: *ApJ* 507 (1998), November, S. L49–L53

[44] LALLEMENT, R. ; WELSH, B. Y. ; VERGELY, J. L. ; CRIFO, F. ; SFEIR, D.: 3D mapping of the dense interstellar gas around the Local Bubble. In: *A&A* 411 (2003), Dezember, S. 447–464

[45] LANDOLT, A. U.: UBVRI photometric standard stars in the magnitude range 11.5-16.0 around the celestial equator. In: *AJ* 104 (1992), Juli, S. 340–371

[46] LATTIMER, J. M. ; PRAKASH, M.: Neutron Star Structure and the Equation of State. In: *ApJ* 550 (2001), März, S. 426–442

[47] LAUER, T. R.: The Photometry of Undersampled Point-Spread Functions. In: *PASP* 111 (1999), November, S. 1434–1443

[48] LEWIN, W. H. G. ; VAN PARADIJS, J. ; TAAM, R. E.: X-Ray Bursts. In: *Space Science Reviews* 62 (1993), September, S. 223–389

[49] LIEBES, S.: Gravitational Lenses. In: *Physical Review* 133 (1964), Februar, S. 835–844

[50] LYNE, A. G. ; GRAHAM-SMITH, F. ; LYNE, A. G. & GRAHAM-SMITH, F. (Hrsg.): *Pulsar Astronomy*. 2006

[51] MAYBHATE, A. ; ANDERE: *ACS Instrument Handbook*, 2010

[52] MESTEL, L.: Pulsars-Oblique rotator model with dense magnetosphere. In: *Nature* 233 (1971), Oktober, S. 149–+

[53] MEURER, G. R. ; LINDLER, D. ; BLAKESLEE, J. P. ; COX, C. ; MARTEL, A. R. ; TRAN, H. D. ; BOUWENS, R. J. ; FORD, H. C. ; CLAMPIN, M. ; HARTIG, G. F. ; SIRIANNI, M. ; DE MARCHI, G.: Calibration of Geometric Distortion in the ACS Detectors. In: S. ARRIBAS, A. KOEKEMOER, & B. WHITMORE (Hrsg.): *The 2002 HST Calibration Workshop : Hubble after the Installation of the ACS and the NICMOS Cooling System*, 2002, S. 65–+

[54] MEYLAN, G. ; MINNITI, D. ; PRYOR, C. ; PHINNEY, E. S. ; SAMS, B. ; TINNEY, C. G.: HST Observations of an Unusual Brightening of the Eclipsing Binary Star AKO9 in the core of the Globular Cluster 47 TUC. In: *Bulletin of the American Astronomical Society* Bd. 28, Dezember 1996, S. 1366–+

[55] MOTCH, C.: Isolated neutron stars discovered by ROSAT. In: *X-ray Astronomy: Stellar Endpoints, AGN, and the Diffuse X-ray Background* 599 (2001), Dezember, S. 244–253

[56] MOTCH, C. ; HABERL, F.: Constraints on optical emission from the isolated neutron star candidate RXJ0720.4-3125. In: *A&A* 333 (1998), Mai, S. L59–L62

[57] MOTCH, C. ; PIRES, A. M. ; HABERL, F. ; SCHWOPE, A. ; ZAVLIN, V. E.: Proper motions of ROSAT discovered isolated neutron stars measured with Chandra: First X-ray measurement of the large proper motion of RX J1308.6+2127/RBS 1223. In: C. BASSA, Z. WANG, A. CUMMING, & V. M. KASPI (Hrsg.): *40 Years of Pulsars: Millisecond Pulsars, Magnetars and More* Bd. 983, Februar 2008, S. 354–356

[58] MOTCH, C. ; PIRES, A. M. ; HABERL, F. ; SCHWOPE, A. ; ZAVLIN, V. E.: Proper motions of thermally emitting isolated neutron stars measured with Chandra. In: *A&A* 497 (2009), April, S. 423–435

[59] MOTCH, C. ; ZAVLIN, V. E. ; HABERL, F.: The proper motion and energy distribution of the isolated neutron star <ASTROBJ>RX J0720.4-3125</ASTROBJ>. In: *A&A* 408 (2003), September, S. 323–330

[60] NEUHAEUSER, R. ; THOMAS, H.-C. ; DANNER, R. ; PESCHKE, S. ; WALTER, F. M.: On the X-ray position and deep optical imaging of the neutron star candidate RX J1856.5-3754. In: *A&A* 318 (1997), Februar, S. L43–L46

[61] NEUHÄUSER, R.: The proper motion of the neutron star RXJ1856.5-3754 as measured by optical and X-ray imaging. In: *Astronomische Nachrichten* 322 (2001), März, S. 3–+

[62] NEUHÄUSER, R. ; FORBRICH, J.: *The Corona Australis Star Forming Region.* S. 735–+. In: REIPURTH, B. (Hrsg.): *Handbook of Star Forming Regions, Volume II*, Dezember 2008

[63] OPPENHEIMER, J. R. ; VOLKOFF, G. M.: On Massive Neutron Cores. In: *Physical Review* 55 (1939), Februar, S. 374–381

[64] PACINI, F.: Energy Emission from a Neutron Star. In: *Nature* 216 (1967), November, S. 567–568

[65] PACZYNSKI, B.: Can HST Measure the Mass of the Isolated Neutron Star RX J185635-3754 ? In: *ArXiv Astrophysics e-prints* (2001), Juli

[66] PAGE, D. ; GEPPERT, U. ; WEBER, F.: The cooling of compact stars. In: *Nuclear Physics A* 777 (2006), Oktober, S. 497–530

[67] PAVLOV, G. G. ; ZAVLIN, V. E. ; SANWAL, D.: Thermal Radiation from Neutron Stars: Chandra Results. In: W. BECKER, H. LESCH, & J. TRÜMPER (Hrsg.): *Neutron Stars, Pulsars, and Supernova Remnants*, 2002, S. 273–+

[68] PERRYMAN, M. A. C. ; LINDEGREN, L. ; KOVALEVSKY, J. ; TURON, C. ; HOEG, E. ; GRENON, M. ; SCHRIJVER, H. ; BERNACCA, P. L. ; CREZE, M. ; DONATI, F. ; EVANS, D. W. ; FALIN, J. L. ; FROESCHLE, M. ; GOMEZ, A. ; GREWING, M. ; VAN LEEUWEN, F. ; VAN DER MAREL, H. ; MIGNARD, F. ; MURRAY, C. A. ; PENSTON, M. J. ; PETERSEN, C. ; LE POOLE, R. S. ; WALTER, H. G.: Parallaxes and the Hertzsprung-Russell diagram for the preliminary HIPPARCOS solution H30. In: *A&A* 304 (1995), Dezember, S. 69–+

[69] PONS, J. A. ; WALTER, F. M. ; LATTIMER, J. M. ; PRAKASH, M. ; NEUHÄUSER, R. ; AN, P.: Toward a Mass and Radius Determination of the Nearby Isolated Neutron Star RX J185635-3754. In: *ApJ* 564 (2002), Januar, S. 981–1006

[70] POPOV, S. B. ; COLPI, M. ; TREVES, A. ; TUROLLA, R. ; LIPUNOV, V. M. ; PROKHOROV, M. E.: The Neutron Star Census. In: *ApJ* 530 (2000), Februar, S. 896–903

[71] POSSELT, B. ; NEUHÄUSER, R. ; HABERL, F.: Searching for substellar companions of young isolated neutron stars. In: *A&A* 496 (2009), März, S. 533–545

[72] POSSELT, B. ; POPOV, S. B. ; HABERL, F. ; TRÜMPER, J. ; TUROLLA, R. ; NEUHÄUSER, R.: The Magnificent Seven in the dusty prairie. In: *Ap&SS* 308 (2007), April, S. 171–179

[73] RADHAKRISHNAN, V. ; MANCHESTER, R. N.: Detection of a Change of State in the Pulsar PSR 0833-45. In: *Nature* 222 (1969), April, S. 228–229

[74] RICHARDS, D. W. ; COMELLA, J. M.: The Period of Pulsar NP 0532. In: *Nature* 222 (1969), Mai, S. 551–552

[75] SCHWARZ, D. J. ; SEIDEL, D.: Microlensing neutron stars. In: *A&A* 388 (2002), Juni, S. 483–491

[76] SCHWOPE, A. D. ; ERBEN, T. ; KOHNERT, J. ; LAMER, G. ; STEINMETZ, M. ; STRASSMEIER, K. ; ZINNECKER, H. ; BECHTOLD, J. ; DIOLAITI, E. ; FONTANA, A. ; GALLOZZI, S. ; GIALLONGO, E. ; RAGAZZONI, R. ; DE SANTIS, C. ; TESTA, V.: The isolated neutron star RBS1774 revisited. Revised XMM-Newton X-ray parameters and an optical counterpart from deep LBT-observations. In: *A&A* 499 (2009), Mai, S. 267–272

[77] SCHWOPE, A. D. ; HAMBARYAN, V. ; HABERL, F. ; MOTCH, C.: The complex X-ray spectrum of the isolated neutron star RBS1223. In: *Ap&SS* 308 (2007), April, S. 619–623

[78] STETSON, P. B.: DAOPHOT - A computer program for crowded-field stellar photometry. In: *PASP* 99 (1987), März, S. 191–222

[79] SULEIMANOV, V. ; HAMBARYAN, V. V. ; POTEKHIN, A. Y. ; VAN ADELSBERG, M. ; NEUHAEUSER, R. ; WERNER, K.: Radiative properties of highly magnetized isolated neutron star surfaces and approximate treatment of absorption features in their spectra. In: *ArXiv e-prints* (2010), Juni

[80] TETZLAFF, N. ; NEUHÄUSER, R. ; HOHLE, M. M.: The origin of RX J1856.5-3754 and RX J0720.4-3125 - revisited. In: *in prep.* (2010)

[81] TETZLAFF, N. ; NEUHÄUSER, R. ; HOHLE, M. M. ; MACIEJEWSKI, G.: Identifying birth places of young isolated neutron stars. In: *MNRAS* 402 (2010), März, S. 2369–2387

[82] TREVES, A. ; POPOV, S. B. ; COLPI, M. ; PROKHOROV, M. E. ; TUROLLA, R.: The Magnificient Seven: Close-by Cooling Neutron Stars? In: R. GIACCONI, S. SERIO, & L. STELLA (Hrsg.): *X-ray Astronomy 2000* Bd. 234, 2001, S. 225–+

[83] TRÜMPER, J.: X-ray sky surveys and the ROSAT mission. In: *Bulletin d'Information du Centre de Donnees Stellaires* 28 (1985), März, S. 81–+

[84] TRÜMPER, J. E.: Observations of Cooling Neutron Stars. In: A. BAYKAL, S. K. YERLI, S. C. INAM, & S. GREBENEV (Hrsg.): *NATO ASIB Proc. 210: The Electromagnetic Spectrum of Neutron Stars*, Januar 2005, S. 117–+

[85] TRÜMPER, J. E. ; BURWITZ, V. ; HABERL, F. ; ZAVLIN, V. E.: The puzzles of RX J1856.5-3754: neutron star or quark star? In: *Nuclear Physics B Proceedings Supplements* 132 (2004), Juni, S. 560–565

[86] TUROLLA, R. ; ZANE, S. ; DRAKE, J. J.: Bare Quark Stars or Naked Neutron Stars? The Case of RX J1856.5-3754. In: *ApJ* 603 (2004), März, S. 265–282

[87] U. S. GOVERNMENT PRINTING OFFICE ; U. S. GOVERNMENT PRINTING OFFICE (Hrsg.): *The Astronomical Almanac for the year 2008*. 2006

[88] VAN KERKWIJK, M. H. ; KAPLAN, D. L.: Isolated neutron stars: magnetic fields, distances,and spectra. In: *Ap&SS* 308 (2007), April, S. 191–201

[89] VAN KERKWIJK, M. H. ; KAPLAN, D. L.: Timing the Nearby Isolated Neutron Star RX J1856.5-3754. In: *ApJ* 673 (2008), Februar, S. L163–L166

[90] VAN KERKWIJK, M. H. ; KAPLAN, D. L. ; PAVLOV, G. G. ; MORI, K.: Spectral and Rotational Changes in the Isolated Neutron Star RX J0720.4-3125. In: *ApJ* 659 (2007), April, S. L149–L152

[91] VAN KERKWIJK, M. H. ; KULKARNI, S. R.: An unusual Hα nebula around the nearby neutron star <ASTROBJ>RX J1856.5-3754</ASTROBJ>. In: *A&A* 380 (2001), Dezember, S. 221–237

[92] VAN KERKWIJK, M. H. ; KULKARNI, S. R.: Optical spectroscopy and photometry of the neutron star <ASTROBJ>RX J1856.5-3754</ASTROBJ>. In: *A&A* 378 (2001), November, S. 986–995

[93] WALTER, F. M.: The Proper Motion, Parallax, and Origin of the Isolated Neutron Star RX J185635-3754. In: *ApJ* 549 (2001), März, S. 433–440

[94] WALTER, F. M. ; EISENBEISS, T. ; LATTIMER, J. M. ; KIM, B. ; HAMBARYAN, V. ; NEUHAEUSER, R.: Revisiting the Parallax of the Isolated Neutron Star RX J185635-3754 Using HST/ACS Imaging. In: *ArXiv e-prints* (2010), August

[95] WALTER, F. M. ; LATTIMER, J. M.: A Revised Parallax and Its Implications for RX J185635-3754. In: *ApJ* 576 (2002), September, S. L145–L148

[96] WALTER, F. M. ; MATTHEWS, L. D.: The optical counterpart of the isolated neutron star RX J185635-3754. In: *Nature* 389 (1997), September, S. 358–360

[97] WALTER, F. M. ; WOLK, S. J. ; NEUHÄUSER, R.: Discovery of a nearby isolated neutron star. In: *Nature* 379 (1996), Januar, S. 233–235

[98] WIRINGA, R. B. ; FIKS, V. ; FABROCINI, A.: Equation of state for dense nucleon matter. In: *Phys. Rev. C* 38 (1988), Aug, Nr. 2, S. 1010–1037

[99] WITTEN, E.: Cosmic separation of phases. In: *Phys. Rev. D* 30 (1984), Juli, S. 272–285

[100] ZANE, S. ; TUROLLA, R. ; DRAKE, J. J.: Is RX J1856.5-3754 a naked neutron star ? In: *Advances in Space Research* 33 (2004), S. 531–536

[101] ZANE, S. (Hrsg.) ; TUROLLA, R. (Hrsg.) ; PAGE, D. (Hrsg.): *Isolated Neutron Stars: from the Surface to the Interior.* 2007

Danksagung

Diese Arbeit hätte nie ohne die tatkräftige und moralische Unterstützung vieler Personen entstehen können.

Ich möchte meinem Betreuer, Professor Dr. Ralph Neuhäuser, danken, der die ganze Promotionszeit hindurch immer ein offenes Ohr und manch guten Ratschlag hatte und mir die Gelegenheit gab, auf zahlreichen Dienstreisen mein Wissen und meinen Horizont zu erweitern. Großer Dank gebührt auch Professor Dr. Fred Walter, der die treibende Kraft hinter der Entfernungsbestimmung von RX J1856 war und mir während zahlreicher gegenseitiger Besuche ein Freund wurde. Ich danke Christian Ginski für die Hilfe bei der PSF Photometrie von RX J0720. Markus Hohle möchte ich für die Erläuterungen zur SED von RX J0720 und für die Erstellung der Abb. 3.9 danken. Darüber hinaus danke ich Valeri Hambaryan für die Zusammenstellung der Daten für Tab. 2.1 und Tab. 3.3. Ferner möchte ich meinen Kollegen am AIU, insbesondere Nina Tetzlaff, Tristan Röll, Christian Adam, Dr. Tobias Schmidt, Jürgen Weiprecht und Monika Müller danken.

Ich danke meinen Referenden, Co-Referenden und Gutachtern, Prof. Dr. Joachim Trümper, Prof. Dr. Klaus Werner und Dr. habil. Axel Schwope.

Ich danke meiner Freundin Ina Häusler, von ganzem Herzen, dass sie die ganze Zeit über zu mir gehalten hat, obwohl ich viel mehr Zeit im Büro, als zu Hause verbracht habe und sie mit mir Beobachten fahren musste, um überhaupt Zeit mit mir verbringen zu können. Was die Zukunft auch bringt, wir werden es gemeinsam angehen.

Und ich danke ganz besonders meinen lieben Eltern, Andrea und Jürgen. Seit ich denken kann, haben sie mich bei Allem unterstützt.

Thomas Eisenbeiß

Die VDM Verlagsservicegesellschaft sucht für wissenschaftliche Verlage abgeschlossene und herausragende

Dissertationen, Habilitationen, Diplomarbeiten, Master Theses, Magisterarbeiten usw.

für die kostenlose Publikation als Fachbuch.

Sie verfügen über eine Arbeit, die hohen inhaltlichen und formalen Ansprüchen genügt, und haben Interesse an einer honorarvergüteten Publikation?

Dann senden Sie bitte erste Informationen über sich und Ihre Arbeit per Email an *info@vdm-vsg.de*.

Sie erhalten kurzfristig unser Feedback!

VDM Verlagsservicegesellschaft mbH
Dudweiler Landstr. 99
D - 66123 Saarbrücken
www.vdm-vsg.de

Telefon +49 681 3720 174
Fax   +49 681 3720 1749

Die VDM Verlagsservicegesellschaft mbH vertritt

Printed by Books on Demand GmbH, Norderstedt / Germany